高等学校智能制造工程专业系列教材

智能运动控制基础

主　编　王万强
副主编　纪华伟　袁以明　陆志平
主　审　倪　敬

内 容 简 介

本书系统地讲解了智能运动控制的原理、技术与应用，由浅入深、分类并举地介绍了智能运动控制的系统组成、主要设备、程序设计和应用方法。

本书主要内容包括运动控制技术概述，PLC运动控制器的功能与组态，基于西门子SMART的步进、伺服运动控制系统和基于PLC的交流变频运动控制系统的电气设计等。为契合学生对知识的接受过程，每节之前都给出"本节学习目标"，以引导学生有目的地学习；每个案例之前都列出"案例知识点"，以帮助学生掌握案例的核心内容；每一章节都精心设计了案例与习题，以帮助学生将所学内容融会贯通。

本书体系完整、图文并茂、案例丰富、语言通俗易懂，可作为高等院校运动控制相关课程的教材，也可作为工程技术人员的参考书。

图书在版编目(CIP)数据

智能运动控制基础/王万强主编. —西安：西安电子科技大学出版社，2023.7
ISBN 978 - 7 - 5606 - 6913 - 7

Ⅰ. ①智…　Ⅱ. ①王…　Ⅲ. ①智能控制－运动控制　Ⅳ. ①TP24

中国国家版本馆 CIP 数据核字(2023)第 114779 号

策　　划　陈　婷
责任编辑　裴欣荣　陈　婷
出版发行　西安电子科技大学出版社(西安市太白南路2号)
电　　话　(029)88202421　88201467　　　邮　　编　710071
网　　址　www.xduph.com　　　　　　　　电子邮箱　xdupfxb001@163.com
经　　销　新华书店
印刷单位　陕西天意印务有限责任公司
版　　次　2023年7月第1版　2023年7月第1次印刷
开　　本　787毫米×1092毫米　1/16　印张　14
字　　数　329千字
印　　数　1～3000册
定　　价　41.00元

ISBN 978 - 7 - 5606 - 6913 - 7/TP

XDUP 7215001 - 1

＊＊＊如有印装问题可调换＊＊＊

前　　言

"智能制造"日益成为机电协同先进制造的重要趋势，其中，"智能运动控制"是智能制造系统的一项关键技术，也是未来先进"智造"的核心。智能运动控制融合了精确反馈、先进感知、高性能控制和无缝连接技术，可提供确定性运动解决方案，实现智能、灵活、高效的制造。目前，运动控制解决方案已经从基本的开/关定速电机发展到机器人技术中复杂的多轴伺服驱动，为智能制造提供了更高水平的关键技术。

我国提出的"智能制造 2025"和"工业 4.0"发展战略，亟需大量智能运动控制领域的研究型与应用型专业人才。本书以较为流行的智能运动控制产品为核心，以典型的智能运动控制项目为案例，深入浅出且系统地介绍了运动控制技术的理论及应用。希望本书的出版能为人才的培养有所帮助。

本书由"机械设计制造及其自动化"国家一流本科专业教学团队中的骨干教师编写，充分体现了技术与应用、创新与实践的结合。在内容安排上，贴合智能制造企业的需求和新工科专业课程大纲的要求，本书共 6 章。第 1 章概述运动控制技术，第 2 章详细讲解 PLC 运动控制器的工作原理与程序设计，第 3 章详细讲解 PLC 的运动控制功能与方法，第 4 章介绍交流电机运动控制系统的组成与设计方法，第 5 章详细讲解步进运动控制系统的主要设备、技术及其应用案例，第 6 章详细讲解伺服运动控制系统的主要设备、技术及其应用案例。

本书由杭州电子科技大学"智能制造技术"国家级实验教学示范中心副主任王万强担任主编，机械工程学院院长倪敬教授担任主审。二人共同负责全书的规划和统稿。本书第 1 章、第 5 章、第 6 章由王万强编写，第 2 章由纪华伟编写，第 3 章由袁以明编写，第 4 章由陆志平编写。

本书获杭州电子科技大学教材立项出版资助，在此感谢学校的支持！本书的编写参考了大量同行的相关教材、专著、论文等资料，以及西门子、台达的运动控制产品手册、样本资料等，在此向有关的作者及公司致以诚挚的谢意！特别感谢西安电子科技大学出版社和本书的编辑，没有她们的付出，就没有本书的成稿和出版。

由于编者水平有限，加之编写时间仓促，疏漏之处在所难免，敬请广大读者批评指正。

欢迎广大读者与作者交流技术和心得体会，作者邮箱地址：wwq@hdu.edu.cn。

编著者

2023 年 2 月于杭州

目　录

2

第1章

运动控制技术概述

1.1 运动控制的定义

本节学习目标

(1) 了解运动控制技术的定义；

(2) 了解运动控制的控制对象与关键参数；

(3) 了解运动控制技术的加减速算法及其工作特性；

(4) 了解分析运动控制的三个角度：受力、运动轨迹与多轴联动。

运动控制包含"运动"和"控制"两个方面。从"运动"方面来说，运动控制是指使物体按照预设要求进行运动，并且在运动过程中对其进行实时的控制；从"控制"方面来说，运动控制是指对运动物体的位置、速度、加速度等进行实时的控制，使其按照预设的运动参数或轨迹进行运动。完成上述控制的有关技术称为运动控制技术。

1.1.1 运动控制的基本概念

下面以一个简单的直线运动控制实例来说明运动控制的基本概念。如图1.1所示，要求控制物体从A点直线定位运动到B点，运动距离为5 m，运动速度为1 m/s，运动定位精度为±0.01 m。

分析具体要求，可以得到以下的运动控制参数：

（1）运动方向为A点到B点，即由左向右；

（2）运动距离为5 m；

（3）匀速运行速度为1 m/s；

（4）运动定位精度为±0.01 m；

（5）速度不能突变，需要考虑加速段和减速段的运动参数 a_1、t_1、a_2、t_3。

本例的运动过程实际包括三部分：

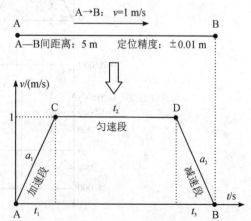

图1.1 两点间直线运动控制分析

加速段、匀速段和减速段。针对不同运动过程，对运动控制技术从"运动"和"控制"两方面做出分析与研究。

启动加速阶段：物体的运动速度 v 在 t_1 时长内以加速度 a_1（$a_1>0$）从 0 m/s 加速到 1 m/s，同时物体从 A 点运动到 C 点，我们要研究及控制 a_1、t_1 的数值，以达到平稳、快速启动的目的。

匀速运行阶段：物体的运动速度保持 1 m/s，同时物体的位置在 t_2 时长内从 C 点运动到 D 点，我们要研究及控制 t_2、v 的数值，以达到速度控制、精准定位的目的。

减速停止阶段：物体的运动速度在 t_3 时长内以加速度 a_2（$a_2<0$）从 1 m/s 减速到 0 m/s，同时物体从 D 点运动到 B 点，我们要研究及控制 a_2、t_3 的数值，以达到平稳、快速停止的目的。

总体而言，我们要综合协调运动过程中的各个参数，以保证物体的运动距离控制在 4.99 m～5.01 m以内，满足定位精度的要求。

在实际工程中，常常使用运动轴（Axis of Motion）进行步进电机和伺服电机的速度和位置控制。运动轴在控制下运动时，运动阶段比上面所述的 3 个阶段更为复杂。图 1.2 所示为某个具体运动轴的运动曲线示例，其中的运动学关系，包括速度、加速度、加速度的变化率的对应关系如表 1.1 所示。

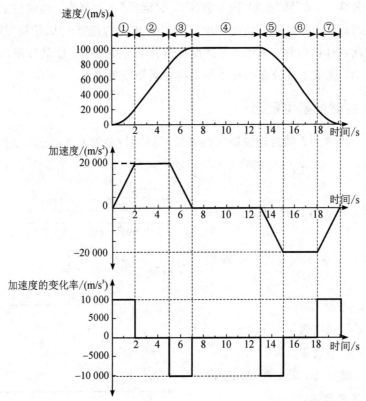

图 1.2　运动控制中速度、加速度及加速度变化率关系曲线示例

表 1.1 运动控制示例各参数间的关系数据表

阶段	时间 /s	加速度的变化率/(m/s³)	加速度 /(m/s²)	速度 /(m/s)	运动类型
①	0～2	10 000	加速度增大到 20 000	速度增大	加速度增加的加速运动
②	2～5	0	加速度维持不变	速度增大	加速度恒定的加速运动
③	5～7	−10 000	加速度减小到 0	速度增大到 100 000	加速度减小的加速运动
④	7～13	0	0	100 000	匀速运动
⑤	13～15	−10 000	减速度增大到 20 000	速度减小	减速度增大的减速运动
⑥	15～18	0	−20 000	速度减小	减速度恒定的减速运动
⑦	18～20	10 000	减速度减小到 0	速度减小到 0	减速度减小的减速运动

1.1.2 运动控制的算法

运动控制技术是综合自动控制技术、电子技术和计算机技术的一种控制策略。为了使运动控制系统满足高速度、高精度的要求，对路径优化、插补算法、控制算法以及机械装配等方面的研究都至关重要。其中，针对控制算法的研究尤其关键。

所谓运动控制算法，是指控制一个目标运动轨迹的算法，通常内置在运动控制器中。实际应用的时候，运动控制器根据算法程序发送指令给驱动器，以实现多个电机的协调运动，例如控制 XYZ 三维定点运动等。下面以步进电机运动控制的加减速算法为例，来说明运动控制算法的概念与应用。

根据上节所述案例的分析可知，物体的运动控制精度和运动过程与加速段和减速段有很大关系，因此加减速控制对于整个运动过程的精度起着相当重要的作用。加减速算法是运动控制中的关键技术之一，也是实现运动控制过程高速度、高效率的关键因素之一。在运动控制过程中，一方面要求运动的过程平滑、稳定，柔性冲击小，另一方面要求运动的响应时间快、反应迅速。

运动控制系统中常用的加减速算法主要有：梯形曲线加减速算法、指数曲线加减速算法和 S 曲线加减速算法等。无论采用哪种加减速算法，均应达到以下几方面的要求：

（1）能够确保足够的运动轨迹及位置精度，尽可能减小运动误差；

（2）能使运动过程平稳，冲击和振动小，且动态响应迅速；

（3）应尽量简单、便于实现，计算量小，实时性强。

1. 梯形曲线加减速算法

（1）定义：梯形曲线加减速算法是一种按直线方式（从启动速度到目标速度的加减速），以一定的比例进行加速/减速的控制算法。

（2）算法曲线。图 1.3 所示为梯形曲线加减速算法的速度及加速度曲线。

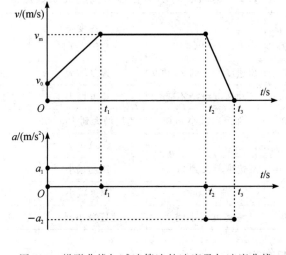

图 1.3 梯形曲线加减速算法的速度及加速度曲线

（3）计算公式。

梯形曲线加减速算法的计算公式为

$$v(t) = v_0 + at$$

其中，v_0 称为启动速度或启动频率。所谓启动频率，是指步进电机或伺服电机不经过加速，能够直接启动工作的最高频率。合理设置启动速度有利于改善电机动力源的启动性能，在一定程度上也加快了加速过程，但需注意 v_0 的实际参数值要满足电机性能的要求，不能选取过大，以免造成电机闷车。在电机的出厂参数中，一般包含启动频率参数。但是在电机带负载运动时，该参考值会下降。所以，设定启动频率参数值一般要参考电机出厂参数，并经实际测量决定。

（4）特性。梯形曲线加减速算法简便，用时少、响应快、效率高，容易实现，但是在速度阶跃时容易发生失步和过冲，匀加速和匀减速阶段不符合电机速度的变化规律，易导致在变速和匀速转折点不能平滑过渡，加速度有突变，电机运动存在柔性振动和冲击，且控制系统处理速度慢。所以这种算法主要应用于对升降速过程要求不高的场合。

2. 指数曲线加减速算法

（1）定义：指数曲线加减速算法是一种按指数函数方式进行加减速的控制算法。

（2）算法曲线。图 1.4 所示为指数曲线加减速算法的速度及加速度曲线。

（3）计算公式：

$$v(t) = \begin{cases} v_m(1 - e^{-t/\tau}) & \text{（加速段）} \\ v_m & \text{（匀速段）} \\ v_m e^{-t/\tau} & \text{（减速段）} \end{cases}$$

其中，v_m 代表最高速度或最高频率，t 代表时间，τ 代表调节系统时间常数。τ 反映了系统从速度 0 变化到给定最高速度的变化效率，加速过程的时间 t_1 受该常数约束（采用指数曲线加减速算法进行加减速时要根据系统选好时间常数 τ）。

（4）特性。指数曲线加减速算法克服了梯形曲线加减速算法的速度不平稳问题，运动精度得到了提高，但初始加速度大，起点和终点存在加速度突变，容易引起机械部件的冲击；在加减速的起点仍然存在加减速突变，限制了加速度的提高，高速时稳定性弱。

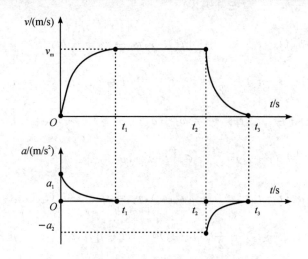

图 1.4　指数曲线加减速算法的速度及加速度曲线

3. S 曲线加减速算法

（1）定义：S 曲线加减速算法因加减速段的速度曲线近似 S 形而得名，常见的有抛物线型 S 曲线加减速算法和三角函数型 S 曲线加减速算法。

（2）算法曲线。图 1.5 所示为抛物线型 S 曲线加减速算法的速度及加速度曲线。

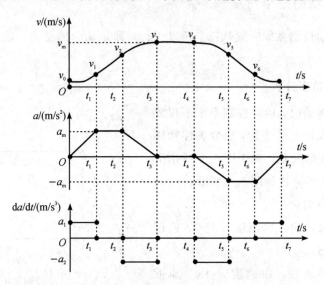

图 1.5　抛物线型 S 曲线加减速算法的速度、加速度和加速度变化率曲线

由图 1.5 可知，S 曲线加速段主要分为三个子阶段：加加速阶段、匀加速阶段、减加速阶段。

（3）计算公式。

抛物线型 S 曲线加减速算法的计算公式为

$$v(t) = \begin{cases} v_0 + \dfrac{1}{2}ht^2 & t \in [0, t_1) \\[2mm] v_1 + a_m(t-t_1) & t \in [t_1, t_2), v_1 = v_0 + \dfrac{1}{2}ht_1{}^2 \\[2mm] v_2 + a_m(t-t_2) - \dfrac{1}{2}h\,(t-t_2)^2 & t \in [t_2, t_3), v_2 = v_1 + a_m(t_2 - t_1) \\[2mm] v_3 & t \in [t_3, t_4), v_3 = v_2 + a_m(t_3 - t_2) - \dfrac{1}{2}h\,(t_3 - t_2)^2 \\[2mm] v_4 - \dfrac{1}{2}h\,(t-t_4)^2 & t \in [t_4, t_5), v_4 = v_3 \\[2mm] v_5 - a_m(t-t_4) & t \in [t_5, t_6), v_5 = v_4 - \dfrac{1}{2}h\,(t_5 - t_4)^2 \\[2mm] v_6 - a_m(t-t_5) + \dfrac{1}{2}h\,(t-t_5)^2 & t \in [t_6, t_7), v_6 = v_5 - a_m(t_6 - t_5) \end{cases}$$

（4）特性。S 曲线加减速算法在加、减速开始时的速度比较缓慢，然后逐渐加快；在加、减速接近结束时速度再次减慢下来，从而使运动较为稳定。该算法是一种柔性程度较好的控制策略，能让电机性能得到充分的发挥，冲击振动小，但是实现过程相对比较复杂，控制程序的计算量相对较大。

1.1.3 运动控制的三个角度

分析研究运动控制系统一般从三个角度进行，即运动学的受力、运动特征的轨迹和运动轴的关联。

1. 从运动学角度分析

在物体实际运动时，运动控制系统不仅要关注物体的位置和速度的变化，还要关注物体的受力，即加速度的变化。对于图 1.1 所示的案例来说，其运动学分析如图 1.6 所示。

通过图 1.6 可知：

（1）A—C 加速段：加速度 $a_1 > 0$，速度 $v_1 > 0$，距离 $s_1 = S_{\triangle ACE}$；

（2）C—D 匀速段：加速度 $a = 0$，速度 $v > 0$，距离 $s_2 = v \times t_2$；

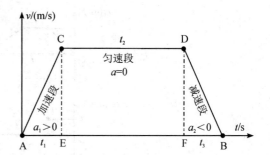

图 1.6　运动控制系统的运动学分析

（3）D—B 减速段：加速度 $a_2 < 0$，速度 $v_2 > 0$，距离 $s_3 = S_{\triangle BDF}$；

（4）运动距离：从 A 点到 B 点的距离等于图中梯形 ACDB 的面积，即 $S = s_1 + s_2 + s_3 = S_{ACDB}$。

2. 从运动特征角度分析

如图 1.7 所示，运动控制系统的运动特征通常表现为：单一速度运动、简单运动参数和复杂运动轨迹。

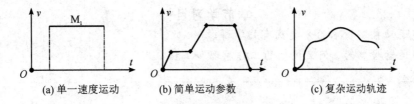

图 1.7　运动控制系统的运动特征分析

通过图 1.7 可知：

(1) 图(a)中 $v=$ 常数，或 $v=0$，控制对象一般风机、水泵、辊道等；

(2) 图(b)中 v、a 分段变化，且运动轨迹曲线具有规律性；

(3) 图(c)中 v、a 实时变化，且运动轨迹曲线复杂，没有规律性。

通过以上分析可知，有些运动特征只需要控制速度进行简单变化即可达成，有些则需要根据对象的复杂曲线运动轨迹来控制速度、加速度等参数进行实时变化才能达成。运动特征不同，则控制方法也相应地有所不同，要根据不同的运动需求采取相应的控制策略。

3. 从运动轴角度分析

如图 1.8 所示，运动控制系统的运动通常为：单轴运动、多轴运动和多轴同步协调运动。

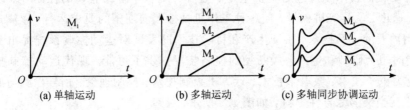

图 1.8　运动控制系统的运动轴分析

通过图 1.8 可知：

(1) 图(a)中只有一个运动轴 M_1 独自运动，被控对象单一；

(2) 图(b)中三个运动轴 M_1、M_2、M_3 同时运动，但三个运动轴之间相互独立，没有关联性；

(3) 图(c)中三个运动轴 M_1、M_2、M_3 同时运动，且三个运动轴之间具有一定关联性。

通过以上分析可知，运动不仅仅只有单轴运动，在更多的应用场合下是多轴运动，且轴与轴之间是相互关联的。常见的关联性有主从跟随关系和同步运动关系。研究运动控制系统时，轴之间的关系是一个重要的研究内容。多轴之间相互独立，是一种简单的运动控制类型；多轴之间相互关联或存在某种关系，则需要通过数学手段求解出关系曲线再加以控制。

┤1.2├ 运动控制技术简介

本节学习目标

(1) 了解运动控制技术的分类及有关学科；
(2) 了解运动控制器、伺服控制的工作原理和工程应用。

1.2.1　运动控制技术的分类

运动控制技术是很多高端装备的关键技术，也可以说是高端装备和工业控制的核心技术之一。例如，分析全球四大机器人厂商的技术发展路线，可以发现，发那科、安川起步于运动控制部件，库卡和 ABB 在进入工业机器人领域后，亦选择了重点攻克运动控制系统，最终奠定了机器人四大家族的地位。

按照使用的动力源不同，运动控制技术主要可分为以电机作为动力源的电气运动控制技术、以气体和流体作为动力源的气液控制技术和以燃料(煤、油等)作为动力源的热机运动控制技术等。据资料统计，在所有动力源中，90%以上属于电机。电机在现代化生产和生活中起着十分重要的作用，因此在这几种运动控制技术中，电气运动控制技术应用最为广泛。电气运动控制技术是由电力拖动技术发展而来的，电力拖动技术或电气传动技术是对以电机为对象的控制技术的通称，本文论述的运动控制技术也均是针对电气运动控制技术而展开的。

电气运动控制技术是通过对电机电压、电流、频率等输入电量的控制，来改变工作机械的转矩、速度、位移等机械量，使各种工作机械按人们期望的要求运行，以满足生产工艺及其他应用需要的一门技术。工业生产和科学技术的发展对运动控制系统提出了日益复杂的要求，同时也为研制和生产各类新型的控制装置提供了可能。现代运动控制技术已成为电机学、电力电子技术、微电子技术、计算机控制技术、控制理论、信号检测与处理技术等多门学科相互交叉的综合性学科，如图 1.9 所示。

图 1.9 中各学科在运动控制技术中的功能分别是：

(1) 电机学：电机是运动控制系统的控制对象。电机的结构和原理决定了运动控制系统的设计方法和运行性能，新型电机的发明会带出新的运动控制系统。

(2) 电力电子技术：运动控制系统的执行手段。以电力电子器件为基础的功率放大与变换装置是弱电控制强电的媒介，在运动控制系统中作为电机的可控电源，其输出电源质量直接影响运动控制系统的运行状态和性能。新型电力电子器件的诞生必将

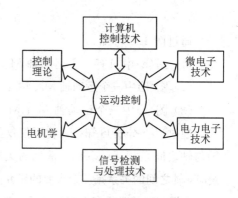

图 1.9　运动控制技术所涉及学科

产生新型的功率放大与变换装置，对改善电机供电电源质量和提高系统运行性能起着积极

智能运动控制基础

的推进作用。

（3）微电子技术：运动控制系统的控制基础。随着微电子技术的快速发展，各种高性能的大规模或超大规模的集成电路层出不穷，方便和简化了运动控制系统的硬件电路设计及调试工作，提高了运动控制系统的可靠性。高速、大内存容量、多功能的微处理器或单片微机的问世，使各种复杂的控制算法在运动控制系统中的应用成为可能，并大大提高了控制精度。

（4）计算机控制技术：运动控制系统的控制核心。计算机具有强大的逻辑判断、数据计算和处理、信息传输等能力，能进行各种复杂的运算，可以实现不同于一般线性调节的控制规律，达到模拟控制系统难以实现的控制功能和效果。计算机控制技术的应用使对象参数辨识、控制系统的参数自整定和自学习、智能控制、故障诊断等成为可能，大大提高了运动控制系统的智能化程度和系统的可靠性。

（5）信号检测与处理技术：运动控制系统的"眼睛"。运动控制系统的本质是反馈控制，即根据给定和输出的偏差实施控制，最终缩小或消除偏差。运动控制系统需通过传感器实时检测系统的运行状态，构成反馈控制，并进行故障分析和故障保护。由于实际检测信号往往带有随机的扰动，这些扰动信号对控制系统的正常运行会产生不利的影响，严重时甚至会破坏系统的稳定性，因此为了保证系统安全可靠的运行，必须对实际检测的信号进行滤波等处理，以提高系统的抗干扰能力。此外，传感器输出信号的电压、极性和信号类型往往与控制器的需求不相吻合，所以，传感器输出信号一般不能直接用于控制，需要先进行信号转换和数据处理。

（6）控制理论：运动控制系统的理论基础，也是系统分析和设计的依据。运动控制系统实际问题的解决常常能推动控制理论的发展，而新的控制理论的诞生，诸如非线性控制、自适应控制、智能控制等，又为研究和设计各种新型的运动控制系统提供了理论依据。

1.2.2 运动控制技术的工程应用

目前，运动控制技术在工程中的应用主要体现在运动控制器和伺服系统，两者都是综合了自动化技术、微电子技术、计算机技术、检测技术以及伺服控制技术等学科的最新成果，现已广泛应用于智能制造行业之中。

1. 运动控制器技术

运动控制器是运动控制的大脑，是控制电机运行方式的专用控制器。比如电机由行程开关控制交流接触器而实现某种定位控制，或者用时间继电器控制电机正反转而实现既定工序的连续运行等。运动控制器技术在机器人和数控机床领域内的应用要比在专用机器领域内的应用更复杂，后者的运动形式相比前者更为通用和简单，因此通常被称为通用运动控制(General Motion Control,GMC)。

运动控制系统的执行机构主要涉及步进电机或伺服电机的控制，其控制结构模式一般是：控制装置＋驱动器＋（步进或伺服）电机。其中，控制装置主要分为 PLC(可编程逻辑控制器)、专用控制器(运动控制卡)和 PC-Based(基于工业 PC 的控制器)三类。PLC 用于不太复杂的基础运动控制；专用控制器是为特定行业(机床、工业机器人等)特制的控制器；PC-Based 基于工业 PC，性能突出，可拓展性强，已成长为增速最快的控制器。

PLC 作为控制装置时，具有灵活性高、通用性好等优点，但难以完全达到精度较高、反应灵敏的要求（如插补控制），且硬件成本可能较高。运动控制器能够把一些普遍的、特殊的运动控制功能（如插补指令）固化在控制器内部芯片中，用户只需组态、调用这些功能块或指令即可实现控制要求。这样既减轻了编程难度，也在性能、成本等方面具有优势。可以这样理解：PLC 是一种普通的运动控制装置，运动控制器是一种特殊的 PLC，专职用于运动控制。一般来说，当被控伺服电机的数量较少时，采用 PLC 作为控制器比较简单易行，性价比较高。而运动控制器在协同控制较多数量伺服电机时，控制能力要强一些，表现为其运动控制指标参数比 PLC 控制器要更高一些。比如，运动控制最直观的参数——高速脉冲输出的最大频率，PLC 通常是几十千赫兹至几百千赫兹，而运动控制器一般可达到几百千赫兹至几千千赫兹。对于简单的运动控制，脉冲最大频率不是很重要，即使频率不高也可以通过调整伺服的电子齿轮比来弥补；但对于高速的精密运动控制，脉冲最大频率的区别就比较重要了，直接决定着运动控制的性能。另外一些诸如闭环控制、加减速过程规划、多轴插补的运动轨迹规划等，也是运动控制器的强项。

近年来，为了突破国外的技术壁垒，我国运动控制器行业飞速发展，涌现出一批优秀企业，包括台资的台达、研华，大陆品牌的固高、凯恩帝、维宏、雷赛、埃斯顿（TRIO）等。

2. 伺服控制技术

伺服意味着"伺候"和"服从"，广义的伺服系统是指精确地跟踪或复现某个过程的反馈控制系统，也可称作随动系统。狭义伺服系统的被控制量（输出量）是负载机械空间位置的线位移或角位移，当位置给定量（输入量）做任意变化时，系统的主要任务是使输出量快速而准确地复现给定量的变化，因此又称作位置随动系统。简而言之，伺服就是用来控制被控对象的转角，使其能自动、连续、精确地复现输入指令的变化规律。通常，伺服系统是带有负反馈的闭环控制系统，对伺服控制系统的要求是稳、准、快。在生产实践中，伺服系统的应用领域非常广泛，如轧钢机轧辊压下量的自动控制、数控机床的定位控制和加工轨迹控制、船舵的自动操纵、火炮和雷达的自动跟踪、宇航设备的自动驾驶，机器人的动作控制等。

伺服系统是运动控制的中枢神经和动力系统。伺服系统一般由控制器、驱动装置、伺服电机、传感器等构成，如图 1.10 所示。

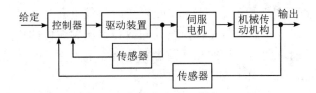

图 1.10　伺服控制系统结构示意图

以 OMRON 公司的实际产品为例，将它们组成一套伺服运动控制系统的典型配置如图 1.11 所示。

从图 1.11 可知，伺服运动控制系统的典型配置一般是：控制装置＋驱动器＋伺服电机，高性能的伺服系统还有检测装置，用以反馈实际的输出状态。

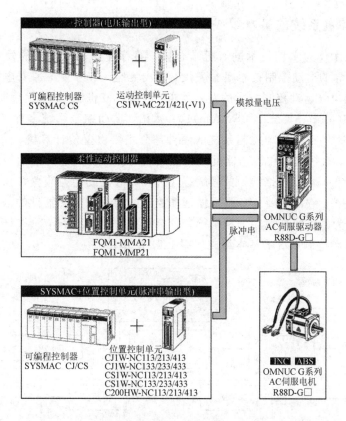

图 1.11　伺服运动控制系统的典型配置

（1）伺服系统控制器是伺服运动控制的关键所在，伺服系统的控制规律正是体现在控制器上。控制器应根据位置偏差信号，经过必要的控制算法，产生功率驱动器的控制信号。图 1.11 所示的三种伺服控制器分别是：PLC＋运动控制单元模块、柔性运动控制器和 PLC＋位置控制单元模块。这三种控制器都可以实现伺服运动控制，各有各的特点。

（2）伺服驱动器是信号转换和信号放大的中枢，伺服电机提供动力，编码器实时记录位置信息并反馈信号，构成闭环控制。

（3）伺服电机是伺服系统的执行机构，在小功率伺服系统中多用永磁型伺服电机，如永磁型直流伺服电机、直流无刷伺服电机、永磁型交流伺服电机，也可采用磁阻式伺服电机。在大功率或较大功率的情况下也可采用电励磁的直流或交流伺服电机。

┤1.3├─运动控制系统简介

本节学习目标

（1）了解运动控制系统的组成结构、典型配置及其工作原理；
（2）了解运动控制系统的典型控制结构及其工作特性；
（3）认识运动控制系统的组成部件。

1.3.1 运动控制系统的基本组成

运动控制技术作为多种技术的有机结合体，随着各种学科技术的发展而不断向前迈进。随着日新月异的运动控制技术迅猛发展，其内涵也不断扩大，原有电力拖动的概念已经不能充分适应电气运动控制技术的发展需求。因此，20世纪80年代后期，国际上开始出现运动控制系统(Motion Control System)这一术语。运动控制系统多种多样，但从基本结构上看，一个典型的现代运动控制系统的硬件部分主要由上位计算机、运动控制器、功率驱动装置、电机、执行机构和传感器反馈检测装置等组成。其中的运动控制器是指以中央逻辑控制单元为核心，以传感器为信号敏感元件，以电机或动力装置和执行单元为控制对象的一种控制装置。它的主要任务是根据运动控制的要求和传感器件的信号进行必要的逻辑或数学运算，为电机或其他动力和执行装置提供正确的控制信号。

一个典型运动控制系统的基本组成如图1.12所示。

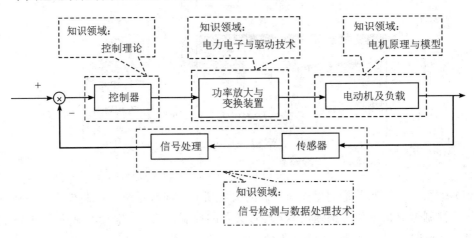

图1.12 运动控制系统的基本组成

从控制功能来说，运动控制系统应该具有运行稳定可靠并连续运行的能力；具备良好的抗干扰能力；具有高精度，包括定位精度、重复定位精度、动态跟随误差等；具有良好的快速响应性；具有开发周期短、快速上手和易于维护的特点。

从组成部件来说，运动控制系统一般包括可靠性好、功能强大的运动控制器，稳定的执行机构，精确的反馈机构(光栅、编码器)和精密的机械结构(减速机构、传动机构、机械装置)等部件。图1.13所示为一个典型运动控制系统的组成部件。

图1.13所示运动控制系统主要组成部件的说明如下：

(1)人机界面：PC机/触摸屏/工控机；

(2)运动控制器：专用运动控制器/开放式结构运动控制器；

(3)驱动器：全数字式驱动器；

(4)执行机构：步进电机/伺服电机/直线电机；

(5)反馈机构：位置反馈元件(角度、位移)/速度反馈元件；

(6)传动机构：齿型带/减速器/齿轮齿条/滚珠丝杠。

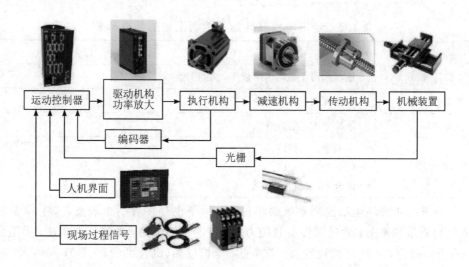

图 1.13　典型运动控制系统的组成部件

1.3.2　运动控制系统的分类

从控制原理来说，运动控制系统可以分为开环运动控制系统和闭环运动控制系统两类，其中开环运动控制系统基本上由控制器、功率驱动装置和电机三部分组成。在开环运动控制系统上加入传感器等检测信号即可组成闭环运动控制系统。

运动控制系统的典型结构包括如下几种样式：

1.　开环运动控制系统

开环(Open Loop)控制系统没有位置检测反馈装置，其执行电机一般采用步进电机。此类系统最大的特点是控制方便、结构简单、价格便宜。控制系统发出的位移指令信号流是单向的，因此不存在稳定性问题。但由于机械传动误差不经过反馈校正，故位置精度一般不高。

开环控制是运动控制系统的最基本构成样式，根据被控电机的类型，开环运动控制系统可以分为步进电机开环运动控制系统和伺服电机开环运动控制系统。

1) 步进电机开环运动控制系统

步进电机开环运动控制系统如图 1.14 所示。步进电机是一种将数字式电脉冲信号转换为角位移的机电执行元件，具有低成本、控制简单的特点，能直接实现数字控制，位移与脉冲数呈正比，速度与脉冲频率呈正比。步进电机结构简单，无换向器和电刷，坚固耐用，抗干扰能力强，无累积定位误差(一般步进电机的精度为步距角的 3%～5%，且不累积)，是开环运动控制常用的电机类型。

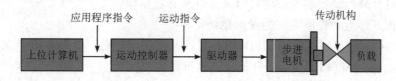

图 1.14　步进电机开环运动控制系统

步进电机开环运动控制系统的各组成部分及其功能如表 1.2 所示。

表 1.2　步进电机开环运动控制系统的组成部分

组成部分	说　　明
上位计算机	运动代码生成，应用程序，人机界面
运动控制器	运动规划，位置脉冲指令
驱动器	脉冲分配，电流放大
步进电机	永磁型：二相(7.5度)； 反应型：三相(1.5度)； 混合型：二相(1.8度)或五相(0.72度)

尽管步进电机开环运动控制系统简单易用，但是也存在着不少缺点，如：单步响应中有较大的超调量和振荡；承受惯性负载能力差；转速不够平稳，低速特性粗糙；不适合高速运行；有自振效应；高速时损耗较大；效率低，电机过热(机壳可达 90 ℃)；噪声大，特别是在高速运行时；滞后或超前振荡几乎无法消除；可选择的电机尺寸有限；输出功率较小；位置精度较低等。

2) 伺服电机开环运动控制系统

伺服电机开环运动控制系统如图 1.15 所示。伺服电机与步进电机相比，有下面的一些优势：具有良好的速度控制特性，在整个速度区内可实现平滑控制，几乎无振荡；效率高，可达到 90% 以上，且不发热；可实现高速控制和高精确位置控制(取决于何种编码器)；额定运行区域内，可实现恒力矩；噪声低；没有电刷的磨损，免维护；不产生磨损颗粒，没有火花，适用于无尘车间及易爆环境；惯量低；价格具有竞争性等。

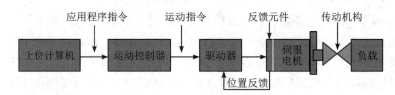

图 1.15　伺服电机开环运动控制系统

伺服电机开环运动控制系统通过运动控制器输出脉冲类型信号给伺服驱动器，类似于控制步进电机的工作方式，使伺服驱动器工作在位置控制模式下。伺服驱动器内部要完成三闭环(位置环、速度环及电流环)，伺服驱动器负责电机的换向。在开环控制模式下，控制器仍然可以接收来自驱动器的编码器信号或外部的光栅尺信号，即位置反馈信号，但是在控制器中不对这些信号做闭环。

伺服电机开环运动控制系统的各组成部分及其功能如表 1.3 所示。

伺服电机开环运动控制系统的优点是：

(1) 运动控制器不需要完成任何闭环，对控制器要求较低，全部通用运动控制器都可以实现这个功能。控制器即使不接任何反馈也可以实现控制。

(2) 让电机运动起来很简单，几乎不会存在飞车的可能。

(3) 脉冲信号抗干扰能力较强，对屏蔽要求低。

(4) 控制器不需要调试 PID 参数，但驱动器中可能需要调试。

表 1.3 伺服电机开环运动控制系统的组成部分及其功能

组成部分	功能说明
上位计算机	运动代码生成，应用程序，人机界面
运动控制器	运动规划，位置脉冲指令
驱动器	电流放大，位置反馈控制
伺服电机	交流伺服电机、直流伺服电机

(5) 能实现这种功能的产品最多。

伺服电机开环运动控制系统的缺点是：

(1) 无法实现全闭环控制；

(2) 电机无法实现非常快速的响应；

(3) 所有运动控制部分都在驱动器中完成，由于大部分驱动器计算能力有限，要实现较高的控制要求往往很难。

3) 运动控制器的常见脉冲指令

运动控制器的常见脉冲指令类型及其图例如表 1.4 所示。

表 1.4 运动控制器的常见脉冲指令类型及其图例

指令类型	图例
脉冲＋方向	
CW/CCW	
Encoder A/B	

2. 闭环运动控制系统

开环控制加入反馈控制之后成为闭环(Close Loop)运动控制系统，反馈分为速度反馈和位置反馈两种。按照位置反馈信号的来源，闭环运动控制系统分为半闭环运动控制系统和全闭环运动控制系统，分别如图 1.16 和图 1.17 所示。

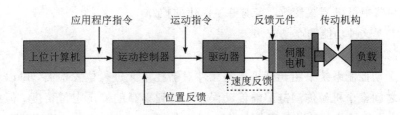

图 1.16 半闭环运动控制系统结构框图

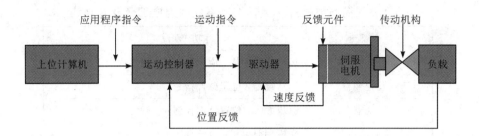

图 1.17　全闭环运动控制系统结构框图

半闭环运动控制是指数系统或 PLC 发出脉冲指令，伺服控制系统接收指令并执行。在执行的过程中，伺服控制系统本身的编码器向伺服运动控制器进行位置反馈，伺服运动控制器自己进行偏差修正。采用半闭环运动控制模式可避免伺服控制系统本身误差，但是无法避免机械误差，因为控制系统不知道实际的位置。而全闭环运动控制是指伺服控制系统接受上位控制器发出的速度可控的脉冲指令，伺服控制系统接收信号并执行。执行的过程中，在机械装置上的位置反馈装置将信号直接反馈给控制系统。控制系统通过比较，判断出反馈信号与实际偏差，给出伺服指令进行偏差修正。全闭环运动控制系统通过频率可控的脉冲信号完成伺服控制系统的速度环控制，然后又通过位置传感器（光栅尺、编码器）完成伺服控制系统的位置环控制。简言之，这种把伺服电机、运动控制器、位置传感器三者有机地结合在一起的控制模式称之为全闭环控制。

1）半闭环运动控制系统

半闭环运动控制系统的位置反馈器件采用转角检测元件，直接安装在伺服电机端部。由于具有位置反馈比较控制功能，因此可获得较高的定位精度。大部分机械传动环节未包括在系统闭环环路内，因此可获得较稳定的控制特性。丝杠等机械传动误差不能通过反馈校正，但可采用软件定值补偿的方法来适当提高其精度。

图 1.16 所示的运动控制系统利用运动控制器完成位置环闭环，通过运动控制器输出 ± 10 V 速度指令信号给驱动器。驱动器工作于速度控制模式下，驱动器内部实现双闭环（速度环与电流环），驱动器负责电机的换向。在这种模式下，控制器必须接收反馈信号，否则不能实现控制。

半闭环运动控制系统的优点是：

（1）可以实现闭环控制，提高了系统的精度，是能实现闭环控制的系统中对控制器要求最低的；

（2）相比开环控制系统，电机可以实现更快的响应；

（3）控制器中可以调试参数，实现更多样化的控制；

（4）能实现这种功能的产品较多。

2）全闭环运动控制系统

全闭环运动控制系统采用光栅等检测元件对被控单元进行位置检测，可以消除从电机到被控单元之间整个机械传动链中的传动误差，得到很高的静态定位精度。但由于在整个控制环内，许多机械传动环节的摩擦特性、刚性和间隙均为非线性，并且整个机械传动链的动态响应时间（与电气响应时间相比）又非常大，使得整个闭环系统的稳定性校正很困难，系统的设计和调整也相当复杂。

图 1.17 所示的运动控制系统利用运动控制器实现双闭环(位置环与速度环)，运动控制器输出±10 V 电流(转矩)指令信号给驱动器。驱动器工作于电流(转矩)控制模式下，驱动器内部完成单闭环(电流环)，驱动器负责电机的换向。控制器需要接收编码器或光栅尺反馈信号，控制器中位置环与速度环反馈可以来自相同的反馈信号，也可以来自不同的反馈信号(双反馈)。

全闭环运动控制系统的优点是：

(1) 可实现全闭环反馈控制；

(2) 电机的响应更快；

(3) 能实现该功能的产品较多，是最常用的直线电机的控制方式；

(4) 可以实现开环的转矩控制及闭环位置控制的灵活切换；

(5) 全部 PID 参数都在控制器内完成，调试更简单。

上述两种运动控制系统的共同缺点是：

(1) 对控制器要求较高，有些控制器只能发送脉冲，不能实现闭环控制策略，且控制器必须接收反馈信号；

(2) 调试较开环控制复杂一些，调试时需要确定控制器中位置环极性，若极性不对，会出现飞车；

(3) 控制器及驱动器可能都需要调试参数；

(4) 对屏蔽要求高，控制器与驱动器共地。

1.3.3 运动控制系统的机械传动机构

运动控制系统中的机械传动机构作为电机的负载，也是一个重要部分，其有旋转-旋转和旋转-直线运动两种传输方式，如表 1.5 所示。

表 1.5　机械传输方式及其常见机构

传输方式	旋转-旋转	旋转-直线运动
常见的传动机构	齿型带 齿轮减速器 摆线及外摆线转减速器 谐波齿轮减速箱 蜗杆减速器或格立森(Gleason)齿轮	齿型带 齿轮齿条 金属带 滚珠丝杠

表 1.5 中部分传动机构的优缺点：

(1) 齿型带：价格便宜，反应慢，应用于控制带宽窄的场合(小于 10 Hz)；

(2) 齿轮减速器：间隙较大，摆线和外摆线齿轮减速相齿隙较小，但价格贵；

(3) 谐波齿轮减速箱：体积小，传动比大，齿隙小，但价格较贵，刚性不高(10 Hz～30 Hz)；

(4) 蜗杆减速器：应用场合有限，不适合低速时使用，润滑要求高、效率低；

(5) 齿轮齿条：传动行程长，反向间隙较大，非线性因素，易引起系统振荡，电机噪声；

(6) 滚珠丝杠：可以适合多种情形的传动，精度高，齿隙较小，可以达到较高的速度，对大行程的传动不合适，抗弯抗扭的刚性和惯量限制了电机选型和系统控制带宽。

1.3.4 运动控制系统的反馈元件

运动控制系统中起数据采集与反馈作用的核心元件是传感器，包括霍尔传感器、测速发电机、旋转变压器和光电式位置检测元件等。反馈元件获取系统中的信息并向运动控制器反映系统状况，同时也可以在闭环控制系统中形成反馈回路，将指定的输出量反馈给运动控制器，而运动控制器则根据这些信息进行控制决策。

1）霍尔传感器

霍尔传感器的作用是产生电机换相信号。

2）测速发电机

测速发电机的作用是产生电机速度信号。

3）旋转变压器

旋转变压器的作用是产生电机位置信号。

4）光电式位置检测元件

包括旋转式光电编码器（检测电机位置、速度和换相信号）和光栅尺（检测负载位置），编码器又分为增量式和绝对式两种。编码器常见的输出信号类型有 A/B/Z 单相输出和正交 AB 相输出。图 1.18 是方波输出的增量式编码器的工作原理示意图。

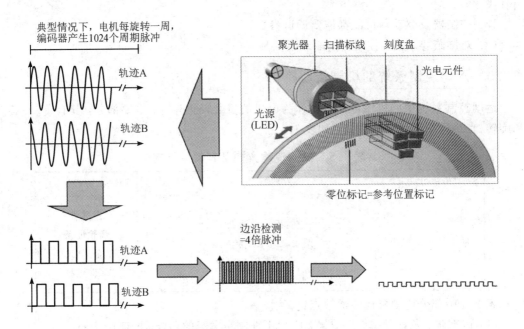

图 1.18　方波输出的增量式编码器的工作原理

（1）编码器的应用方式 1：增量式编码器直接安装在伺服电机端部，直接反馈电机的实际转速，如图 1.19 所示。该种应用方式可获得较高的定位精度。

（2）编码器的应用方式 2：增量式编码器安装在运动控制系统负载端部，直接反馈实际位置，如图 1.20 所示。该种应用方式可以消除从电机到被控单元之间整个机械传动链中的传动误差，可以得到很高的静态定位精度。

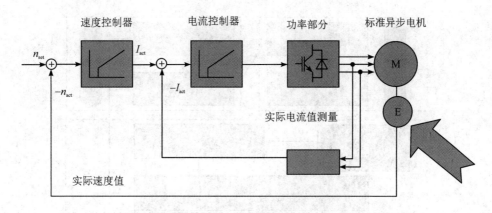

图 1.19　增量式编码器应用方式 1

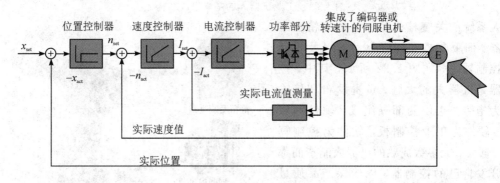

图 1.20　增量式编码器应用方式 2

—1.4—运动控制系统的典型应用

本节学习目标

（1）了解运动控制系统在实际工程中的典型应用；

（2）充分认识"科学无国界，但是科学家有国界"。

1.4.1　工业机器人系统

工业机器人系统就是把工业机器人本体（机械）、机器人控制器（硬件）、控制软件和应用软件（软件）与机器人周边设备结合起来的系统，主要应用于焊接、搬运、插装、喷涂、机床上下料等工业自动化领域。图 1.21 所示为工业机器人的基本组成结构。

工业机器人系统的研发主要有以下三个方面：现代精密加工以及装配技术的研究，精密减速器、伺服电机性能及可靠性技术的研究，具有自主知识产权的先进工业机器人控制器的研究。其中，工业机器人的控制器研发依托运动控制技术，研究具有高实时性、多处理器并行工作的控制器硬件系统；设计基于高性能、低成本总线技术的控制和驱动模式；深入研究先进运动控制方法，提高系统高速、重载、高跟踪精度等运动控制动态性能。工业机

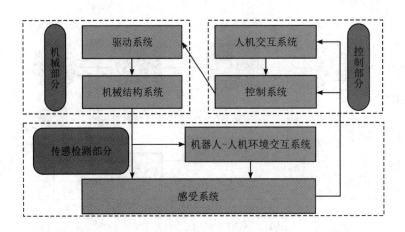

图 1.21　工业机器人的基本组成结构

器人系统的关键核心部件包括高精度减速器、伺服电机和伺服驱动器以及机器人控制器等，如图 1.22 所示。其中，控制器是机器人的大脑，负责发布和传输行为指令。它由两部分组成：硬件和软件。硬件为工业控制板，软件为控制算法。通常，大多数成熟的机器人制造商都会开发自己的控制器，以确保产品质量的稳定性和维护系统，这也是每个机器人制造商的核心技术。

伺服电机是机器人的执行单元，并且是影响机器人性能的主要部件。伺服电机主要分为步进电机、交流电机和直流电机，在机器人工业应用领域中十分常见的是交流伺服电机，其中约 65% 的伺服电机与控制器密切相关。

高精度减速器

伺服电机和
伺服驱动器

机器人控制器

图 1.22　工业机器人中的核心运动控制部件

减速器为连接动力源和执行器的传动机构，可以降低电机的速度并增加扭矩。它通过输入轴的小齿轮来连接电机、内燃机和其他高速运转的动力源，然后通过输出轴的大齿轮来传递较大的扭矩，从而达到减速的目的。它可以准确控制机器人的运动并提供更大的扭矩。减速器有两种类型：RV 减速器，安装在高负载位置（例如机器基座、动臂、肩部）；谐波减速器，安装在轻负载位置（例如手臂、手腕或手）。减速器的结构相对简单，难点在于基本工业和技术。

1. 工业机器人控制系统的分类

机器人控制系统是一种典型的多轴实时运动控制系统，按照控制方式可以分为三种。

1）集中控制系统

集中控制系统用一台计算机实现全部的控制功能，充分利用了 PC 资源开放性。多种控制卡、传感器设备等都可以通过标准 PCI 插槽或通过标准串口、并口集成到控制系统中。优点是易于实现系统的最优控制，整体性与协调性较好，基于 PC 的系统硬件扩展较为方便。缺点是系统控制缺乏灵活性，系统实时性差，可靠性低。

2）主从控制系统

主从控制系统采用主、从两级处理器实现系统的全部控制功能。主 CPU 实现管理、坐标变换、轨迹生成和系统自诊断等功能；从 CPU 实现所有关节的动作控制功能。主从控制系统实时性较好，适于高精度、高速度控制，但其系统扩展性较差，维修困难。

3）分散控制系统

分散控制系统按系统的性质和方式将系统分成几个模块，每一个模块有不同的控制任务和控制策略，各模块之间可以是主从关系，也可以是平等关系。这种系统实时性好，易于实现高速、高精度控制，易于扩展，可实现智能控制，目前较流行。分散控制系统的主要思想是"分散控制，集中管理"，即系统对其总体目标和任务可以进行综合协调和分配，并通过子系统的协调工作来完成控制任务。由于整个系统在功能、逻辑和物理等方面都是分散的，所以又称为集散控制系统或分散控制系统。

2. 工业机器人 PMAC 控制系统

PMAC(Program Multiple Axis Controller，可编程多轴运动控制卡)是集运动轴控制和 PLC 控制以及数据采集的多功能运动控制产品。PMAC 控制系统一般采用 IPC＋DSP 的结构来实现机器人的控制，组成结构如图 1.23 所示。

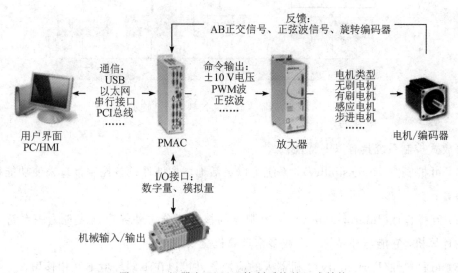

图 1.23 机器人 PMAC 控制系统的组成结构

机器人 PMAC 控制系统程序结构如图 1.24 所示。

3. 工业机器人开放式控制系统

开放式结构的机器人控制系统需要建立一个开放的、标准的、经济的、可靠的软硬件平台，其基本框架如图 1.25 所示。

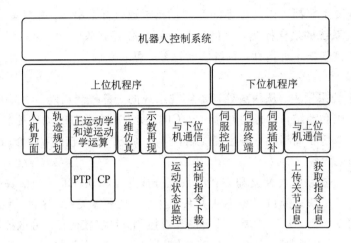

图 1.24　机器人 PMAC 控制系统程序结构

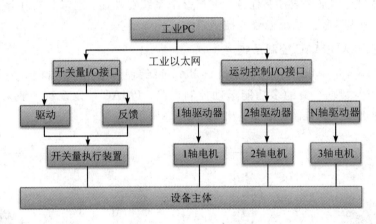

图 1.25　工业机器人开放式控制系统结构示意图

开放式控制系统具有以下特性：

（1）可扩展性（Extensibility）：系统可以灵活地增加硬件设备控制接口来使功能拓展和性能提升；

（2）互操作性（Interoperability）：控制器的核心部分对外界应该表现为一台符合一定标准的计算机，它能与外界的一个或多个计算机交换信息；

（3）可移植性（Portability）：机器人的应用软件可以在不同环境下互相移植；

（4）可增减性（Scalability）：机器人系统的性能和功能可以根据实用需求很方便地增减。

图 1.26 所示为一个利用台达公司运动控制系列产品构建的开放式运动控制系统，以一台 AX8 多轴 EtherCAT 总线型控制器为核心，搭配 60 台 ASDA-A3 高阶伺服控制器作为神经节点，精确掌控产线上的每一处运动。

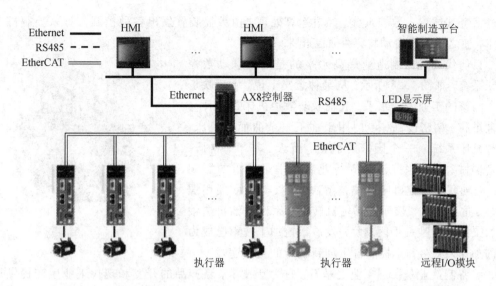

图 1.26 采用台达系列产品构建的开放式控制系统

1.4.2 CNC 系统与数控机床

CNC(Computer Numberical Control)即"计算机数据控制",简称"数控",是机械制造中的一种先进自动加工技术,具备高效率、高精度与高柔性等特点。CNC 系统,如图 1.27 所示,是利用 CNC 技术,配合硬件装置对自动化加工设备进行控制的运动控制系统。CNC 系统是数控机床的重要组成部分,可以让数控机床按照设置好的程序进行自动加工,完成精确切削任务,被称作数控机床的"大脑"。

Photo : 15" Color LDT(Option)

图 1.27 台达和 FANUC 的 CNC 系统

应用 CNC 系统的机床也被称为 CNC 机床,即计算机数字控制机床,或简称为"数控机床"。数控机床中的数字控制(Numerical Control)技术是用数字化信号对机床的运动及其加工过程进行控制的一种技术方法。数控机床是采用了数控技术的机床,或者说是装备了数控系统的机床。国际信息处理联盟(International Federation of Information Processing,IFIP)第五技术委员会对数控机床做了如下定义:数控机床是装有程序控制系统的机床。该控制系统能逻辑地处理具有控制编码或其他符号指令的程序,并将其译码,用代码化的数字表示,通过信息载体输入数控系统。经过运算处理，由数控装置发出各种控制信号来控制机床的动作，使之按要求自动将零件加工出来。

目前代表机床制造业最高水平的是五轴联动数控机床系统，如图 1.28 所示。从某种意义上说，它反映了一个国家的工业发展水平。五轴联动数控机床是一种科技含量高、精密度高、专门用于加工复杂曲面的机床，这种机床系统对一个国家的航空、航天、军事、科研、精密器械、高精医疗设备等行业有着举足轻重的影响力。五轴联动数控机床系统是解决叶轮、叶片、船用螺旋桨、重型发电机转子、汽轮机转子、大型柴油机曲轴等加工问题的唯一手段。大力发展数控加工技术已成为我国加速发展经济、提高自主创新能力的重要途径。

图 1.28　DMC 五轴联动数控机床

装备制造业是一国工业之基石，它为新技术、新产品的开发和现代工业生产提供重要的手段，是不可或缺的国家战略性产业。其中，机床是制造机器的机器，是"工业母机"，是装备制造业不可或缺的核心。数控机床是典型的机电一体化产品，它集微电子技术、计算机技术、测量技术、传感器技术、自动控制技术及人工智能技术等多种先进技术于一体，并与机械加工工艺紧密结合，是新一代的机械制造技术装备。CNC 系统是控制数控机床的核心，通过运动控制硬件与算法，可实现复杂结构、多种类、小批量零部件的生产，满足多元化生产需求。图 1.29 所示为数控机床的运动控制系统结构框图。

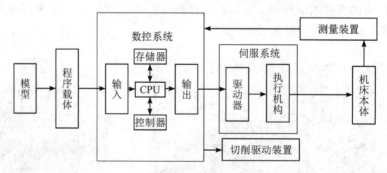

图 1.29　数控机床的运动控制系统结构框图

数控机床一般采用伺服系统作为驱动与执行机构，如图 1.30 所示。

图 1.30　台达 CNC 系统伺服驱动设备

数控机床的 CNC 控制硬件架构如图 1.31 所示。进给伺服系统的性能直接影响和决定 CNC 系统的快速性、稳定性和准确性，因此对于 CNC 系统而言，伺服运动控制技术的软硬件研究与应用至关重要。

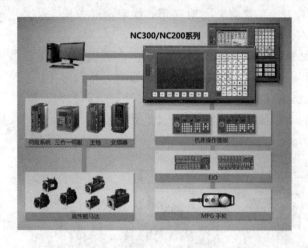

图 1.31　台达 CNC 系统控制硬件架构

机床移动部件的位移量称为脉冲当量。数控机床的脉冲当量一般为 0.001 mm，高精度数控机床的可达 0.0001 mm，需要高精度的运动控制硬件和算法做支撑。数控机床运动控制系统具有位置检测装置，可将移动部件实际位移量或丝杠、伺服电机的转角反馈给 CNC 系统，并进行补偿。数控机床加工，过程中将刀具与工件的运动坐标分割成一些最小的单位量，即最小位移量，由数控系统按照零件程序的要求，使坐标移动若干个最小位移量（即控制刀具运动轨迹），从而实现刀具与工件的相对运动完成对零件的加工。刀具沿各坐标轴的相对运动是以脉冲当量为单位的（mm/pulse）。当走刀轨迹为直线或圆弧时，数控装置在线段或圆弧的起点和终点坐标值之间进行"数据点的密化"，求出一系列中间点的坐标值，然后按照中间点的坐标值向各坐标输出脉冲，保证加工出需要的直线或圆弧轮廓。数控装置进行的这种"数据点的密化"称为插补，一般数控装置都具有对基本函数（如直线函数和圆函数）进行插补的功能。实际上，在数控机床上加工任意曲线 L 的零件，是由该数控装置所能处理的基本数学函数来逼近的，例如直线、圆弧等。毫无疑问，逼近误差必须满足零件图样要求。

1.4.3　半导体全自动焊线机

集成电路半导体产业是电子信息技术领域的核心之一，也是国家战略发展至关重要的方向之一。半导体设备和材料是产业链的上游，是促进产业技术进步的关键环节。半导体设备和材料用于许多领域，例如集成电路和 LED，其中集成电路的应用比例和技术难度最高。芯片是半导体元件产品的统称，是集成电路的载体。芯片的本质，是指在很小的基片上，集成大量微观单元，利用微观单元的特征属性，组织数据信息计算处理。近年来，"芯片荒"成了高频词。与芯片相关的半导体和集成电路产业也日益得到各方的高度重视。

从产业链视角分析，以集成电路为核心的半导体产业链包括材料、设备、设计、制造、封测、分销和终端应用等环节。其中，设计、制造、封测为产业链核心环节。集成电路芯片的生产过程包括设计、制造、封装和测试，重要工艺环节包括前端的晶圆制造和后端的封装测试。前端的晶圆生产线可分为独立的几个生产区域：扩散(热工艺)、光刻、蚀刻、离子注入、薄膜生长(介电沉积)、抛光(CMP)。后端的传统封装测试过程可以大致分为 8 个主要步骤：背面减薄、晶圆切割、打补丁、引线键合、成型、电镀、切割/成型和最终测试。与 IC 晶圆制造(前端)相比，后端封装相对简单，技术难度较低，对工艺环境，设备和材料的要求也低于晶圆制造。

整个半导体集成电路产业从前端到后端产生了很多专用加工设备，主要的半导体设备包括：光刻机、胶水显影机、干蚀刻机、晶圆贴合机、晶圆切片机、晶圆测试机、半导体焊线机、芯片封装测试分选机等。在这些主要设备中，运动控制系统均为其核心技术部件之一，它决定了设备的动作精度和速度。图 1.32 所示是国产企业——大族封测和长川科技有限公司的部分核心产品。

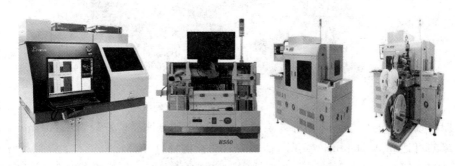

图 1.32　国产晶圆测试机、焊线机和检测编带一体机实物

随着先进封装技术的渗透，晶圆制造和封装之间便有了一个链接过程，称为"中端"。在芯片的封测环节当中，焊线机是一个十分重要的设备，它被誉为这个环节当中"皇冠上的明珠"。其主要功能是将微观电路引到宏观电路上，而焊线机最难的技术，是不仅要实现一秒钟焊接二十几根线的"快"，同时还要达到 $2\sim3\ \mu m$ 级别的"精"，因此对于其中的运动控制技术的精准运用显得尤为重要。

全自动焊线机是一种集计算机控制、运动控制、图像处理、网络通信且由多个高难度 XYZ 平台组成的一个非常复杂的光、机、电一体化设备，具备高响应、低振动、高效率、稳定的超声输出和打火系统以及高精准的图像捕捉，焊接材料通过自动上下料系统实现全自动循环焊接。广泛应用于发光二极管(LED LAMP)、SMD 贴片、大功率 LED、三极管、数码管(DIGITAL DISPLAY)、点阵板(DOTMATRIX)、背光源(LED BACKIGHT)和 IC 软封装(COB)CCD 模块的生产和一些特色半导体的内引线焊接。图 1.33 所示为某品牌全自动焊线机的外观及工作原理简要示意图。

从图 1.33 可知，XY 工作台是焊线机动作的核心部件，它的运动控制系统是由伺服控制器、伺服驱动器、交流伺服电机和光电编码器组合而成的，其系统结构示意图如图 1.34 所示。

从图 1.34 可知，微机(或 PLC 等控制器)根据运动控制算法程序实时发出脉冲指令给伺服驱动器，伺服驱动器接收指令后转换成驱动伺服电机正反转的脉冲信号，精确实现伺服电机旋转角度与速度的实时动态控制，再通过光电编码器反馈得到电机的实时旋转状态，形成运动控制系统的闭环控制。伺服电机带动 XY 工作台的机械传动机构，实现工作台的高速、精准定位运动。

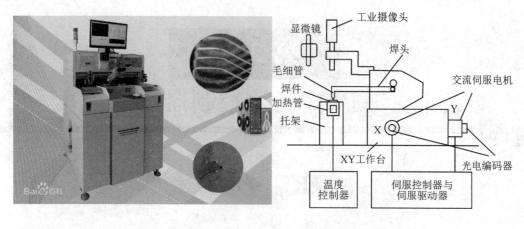

图 1.33　半导体全自动焊线机外观及工作原理示意图

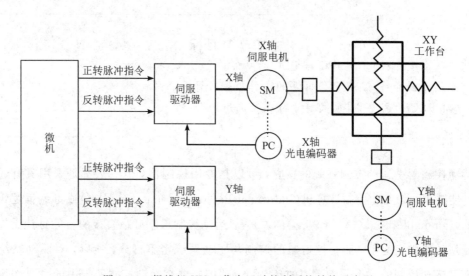

图 1.34　焊线机 XY 工作台运动控制系统结构示意图

┤ 1.5 ├ 本 章 习 题

1. 给出运动控制的定义。
2. 说明运动控制的目标。
3. 给出运动控制系统的组成结构示意图。
4. 电机的运动控制加减速算法有哪些？对应的运算公式是什么？
5. 运动控制技术一般包含哪些方面？
6. 说明运动控制系统的典型构成并给出框图。
7. 运动控制系统常见的机械传动机构有哪些？
8. 运动控制系统常见的反馈元件有哪些？
9. 说明运动控制系统的典型应用场合。
10. 运动控制系统的控制器一般有哪几种？

27

第 2 章
PLC 运动控制器

─┤ 2.1 ├─ PLC 概述

本节学习目标

(1)（查阅文献资料）了解 IPC 与 PLC 的功能；

(2)（查阅文献资料）了解 PID 算法的工作原理及计算公式；

(3) 了解 PLC 的主要品牌、型号、特点及应用场合。

运动控制器是运动控制系统的核心，可以是专用控制器，但一般都是采用具有通信能力的智能装置，如工业控制计算机（Industrial Personal Computer，IPC）或可编程逻辑控制器（Programmable Logic Controller，PLC）等。运动控制最基础最直接的目的是让受控对象按照设定的要求去运动，而受控对象的控制与驱动系统密不可分，所以，对驱动系统特性的研究是运动控制的一个非常重要的环节。运动控制器在运动控制系统中的主要作用是实现各种控制算法，如 PID（比例-积分-微分）算法、模糊控制算法、神经网络控制算法等等。如 1.1 节中所述，运动控制器的控制目标值由运动控制系统根据实际的输出要求而设定，在恒速系统中速度与时间的关系曲线是恒定的一条直线，在伺服系统中速度与时间的关系曲线则是不同的运动轨迹。

PLC 作为自动化控制的主流产品，其功能相当于一台工业电脑的主机，具有良好的可靠性、易用性和可扩展性，是典型的运动控制器，与驱动器和电机相结合即可构成一套运动控制系统。PLC 的生产厂商很多，如西门子、施耐德、三菱、台达等工业自动化领域的知名厂商都有 PLC 产品，图 2.1 所示为常见的一些 PLC 实物图。表 2.1 所示为国内外 PLC 的知名厂商及其型号。

图 2.1 PLC实物图

表 2.1 PLC 的知名厂商及产品

品牌	国家	PLC 主要型号系列及部分实物			
西门子	德国	S7 - 200、SMART、S7 - 300、S7 - 400、S7 - 1200、S7 - 1500			
		S7-1200	S7-300	S7-1500	S7-400
三菱	日本	FX 系列、iQ-F 系列、Q 系列、L 系列、iQ-R 系列			
		FX-2N 支持梯形图、FBD、SFC、ST编程	FX-3U 支持梯形图、FBD、SFC、ST编程	Q 系列 支持梯形图、FBD、ST、SFC编程	R 系列 支持梯形图、FBD、ST、SFC编程
台达	中国	AH 系列、AS 系列、DVP 系列			

品牌	国家	PLC 主要型号系列及部分实物
欧姆龙	日本	NX 系列、NJ、CP1、CJ1、CJ2、C200HX/C200HG/C200HE
AB	美国	AC500 系列、MicroLogix 系列、CompactLogix 系列
施耐德	法国	Quantum 系列、Momentum 系列
汇川	中国	AM400 系列、AM600 系列、Inothink 系列
信捷	中国	XC 系列、XD 系列、XG 系列
其他国产品牌	中国	禾川、和利时、科威、和信、亿维等

2.2 PLC 功能结构与程序指令

本节学习目标

(1) 掌握 PLC 的功能结构及 IO 接口的电气连接；

(2) 掌握 PLC 的工作原理及工作方式；

(3) 了解 PLC 的编程语言，掌握常用指令的使用方法；

(4) 具备初步的 PLC 程序设计能力和工程应用能力。

可编程序控制器是一个以微处理器为核心的数字运算操作的电子系统装置，专为在工业现场应用而设计。它采用可编程序的存储器，用以在其内部存储执行逻辑运算、顺序控制、定时/计数和算术运算等操作指令，并通过数字式或模拟式的输入、输出接口，控制各种类型的机械或生产过程。本节以西门子 S7 - 200 系列 PLC 为例，来讲解 PLC 的结构、功能、语言与基本应用。

2.2.1 PLC 的结构及各部分的作用

PLC 的类型繁多，功能和指令系统也不尽相同，但结构与工作原理则大同小异，通常由主机、输入/输出接口、电源扩展器接口和外部设备接口等几个主要部分组成。PLC 的硬件系统结构如图 2.2 所示。

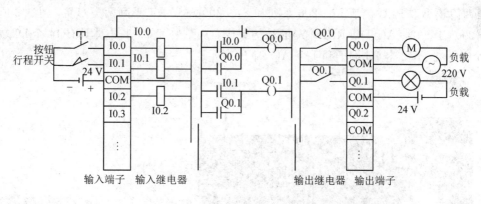

图 2.2 PLC 硬件系统结构示意图

1. 主机

主机部分包括中央处理器(CPU)、系统程序存储器和用户程序及数据存储器。CPU 是 PLC 的核心，它用以运行用户程序、监控输入/输出接口状态、做出逻辑判断和进行数据处理，即读取输入变量、完成用户指令规定的各种操作，将结果送到输出端，并响应外部设备（如电脑、打印机等）的请求以及进行各种内部判断等。PLC 的内部存储器有两类，一类是系统程序存储器，主要存放系统管理和监控程序及对用户程序作编译处理的程序，系统程序已由厂家固定，用户不能更改；另一类是用户程序及数据存储器，主要存放用户编制的应用程序及各种暂存数据和中间结果。

2. 输入/输出(I/O)接口

I/O接口是PLC与输入/输出设备连接的部件。输入接口接受输入设备(如按钮、传感器、触点、行程开关等)的控制信号，输出接口将经主机处理后的结果通过功放电路去驱动输出设备(如接触器、电磁阀、指示灯等)。I/O接口一般采用光电耦合电路，以减少电磁干扰，从而提高可靠性。I/O点数即输入/输出端子数是PLC的一项主要技术指标，通常小型机有几十个点，中型机有几百个点，大型机将超过千点。

3. 电源

图中电源是指为CPU、存储器、I/O接口等内部电子电路工作所配置的直流开关稳压电源，通常也为输入设备提供直流电源。

4. 编程

编程是PLC利用外部设备，供用户用来输入、检查、修改、调试程序或监控PLC的工作情况的过程。通过专用的PC/PPI与电缆线将PLC与电脑连接，并利用专用的软件进行电脑编程和监控。

5. 输入/输出扩展接口

I/O扩展接口将扩充外部输入/输出端子数的扩展单元与基本单元(即主机)连接在一起。

6. 外部设备接口

此接口可将打印机、条码扫描仪、变频器等外部设备与主机相连，以完成相应的操作。

西门子小型PLC包括S7-200系列和S7-200 SMART系列两类产品，图2.3所示为S7-200 CPU224(AC/DC/RELAY)的结构组成，从图中可知，其本体具有14个DI端子和10个DO端子，2个AI端子和1个AO端子。

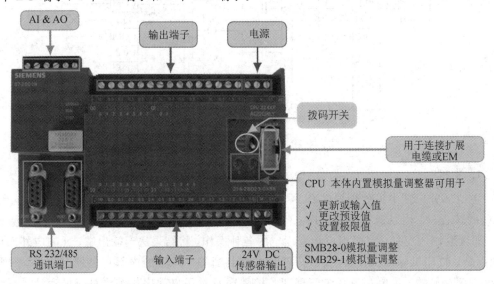

图2.3　S7-200 CPU224(AC/bc/RELAY)的结构组成

2.2.2 PLC 的电气接线方法

如图 2.3 所示，PLC 的外部端子包括 PLC 电源、输入端子、输出端子、模拟量 AI/AO 端子、通讯电缆连接口、PLC 本体 24 V DC 传感器输出等。

PLC 本体右上角的型号规格中用斜线分割的三部分分别表示 PLC 电源的类型、输入接口电路的类型和输出接口电路的类型。如本实验所用 PLC 为 CPU 224XP AC/DC/RLY，其中 AC 代表 PLC 由 220 V 交流电源供电，DC 代表输入接口为 24 V 直流电路，RLY 代表输出负载采用继电器驱动(既可以用直流电为负载供电，也可以采用交流电为负载供电)。

1. 电源电路连接

PLC 的电源输入端子通常位于模块的右上角，标记 L1；N 为外部 AC 电源输入端，标记 L＋；M 则是 24 V 直流电源输入端。西门子 S7－200 PLC 的外部电源连接方式参见图 2.4。

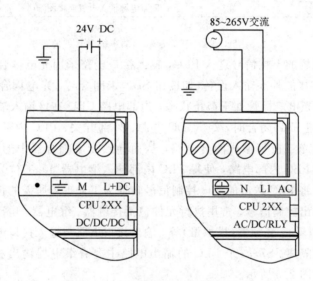

图 2.4　S7－200 PLC 的外部电源连接图

该 PLC 模块的右下角有一个自带的 24 V 直流输出电源，称为传感器电源。传感器电源可以用作 PLC 自身和扩展模块输入/输出点的供电电源，也可以为扩展模块本身供电，只要将传感器电源的 L＋/M 对应连接扩展模块的 L＋/M 端即可。如果 PLC 系统需要外接 24 V 直流电源，则外接电源的正极千万不能与传感器电源的 L＋端连接，以免短路；而负极要与传感器电源的 M 端连接。

2. 输入/输出接口电路连接

输入/输出接口是 PLC 与工业现场控制、检测设备或执行元件相连接的电气回路。PLC 的输入接口连接外部输入设备，用于接收和采集两种类型的输入信号，分别是开关量输入信号(DI)和模拟量输入信号(AI)。

开关量输入信号指的是按钮、转换开关、行程开关、继电器触点、接触器辅助触点等数字量信号，开关量信号只有"0"或"1"两种状态。模拟量输入信号指的是仪表变送器、电位器等模拟量信号,模拟量信号是连续变化的电气信号,可以是电压信号(如0～10 V),也可以是电流信号(如4～20 mA 或0～20 mA)。图2.5为200 PLC开关置输入端子电气接线原理图。

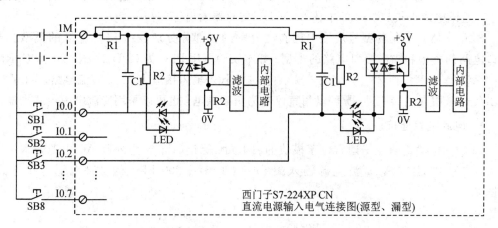

图2.5　200 PLC开关量输入端子电气接线原理图

　　为防止工业现场的干扰信号进入PLC,输入接口电路采用光电耦合器进行隔离。当输入端子(如I0.0)连接的外部输入设备(如按钮SB1)未闭合时,光电耦合器中的两个反向并联二极管不导通,光电三极管处于截止状态,内部电路CPU在该输入端读入的数据是"0";当输入设备(如按钮SB1)闭合时,24 V DC电源、外部开关、PLC内部电阻 R1 与 PLC 内部光电耦合器的发光二极管形成闭合电路,从而导致光电耦合器中的光电三极管饱和导通,外部信号进入PLC内部电路,使得PLC内部输入继电器"I0.0"位为1。

　　输出接口电路将PLC送出的弱电控制信号转换为工业现场所需的强电信号,向各种被控对象执行元件输出控制信号。常用执行元件包括接触器、继电器、电磁阀、指示灯、报警装置、调节阀(模拟量)、变频器(模拟量)等。输出接口电路与输入接口电路类似,采用光电耦合器进行抗干扰隔离。S7-200 PLC的输出电路主要有继电器输出和晶体管输出两种,其内部工作原理如图2.6所示。

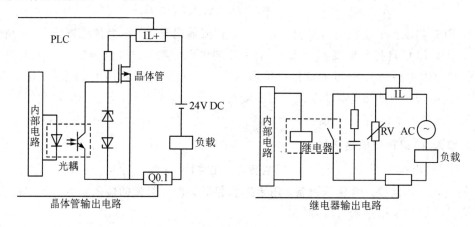

图2.6　S7-200 PLC开关量输出端子电气接线原理图

晶体管输出电路连接 24 V DC，驱动直流负载。当 PLC 内部输出继电器为 0 时，光电耦合器的光电三极管不导通，使晶体管截止，输出回路断开，Q0.1 连接的负载不动作。当 PLC 内部输出继电器为 1 时，光电耦合器的光电三极管导通，使晶体管导通，输出回路导通，Q0.1 连接的负载得电动作。晶体管输出电路的开关速度高，适合数码显示、输出脉冲控制步进电机等高速控制场合。

继电器输出电路可以连接交流或直流电源，驱动交流或直流负载。继电器提供负载回路的常开触点，同时起到隔离和功率放大作用。其工作原理与晶体管输出电路类似，由 PLC 内部输出继电器控制继电器线圈是否得电接通，从而控制继电器的常开触点是否接通。因为继电器开关速度较低，继电器输出电路只能满足一般低速控制的场合。

对于 PLC 模块的输出点而言，凡是 24 V 直流供电的 CPU 都是晶体管输出，凡是 220 V 交流供电的 CPU 都是继电器输出。图 2.7 和图 2.8 所示为两种不同型号 S7 - 200 PLC 的电气接线示意图，分别面向 CPU224XP DC/DC/DC 和 CPU224XP AC/DC/RLY，实际工程应用中可以参考电气连接示意图灵活接线。这两种型号的 PLC 输入/输出点数及物理布置均一致，但是输入/输出类型不同。CPU224XP DC/DC/DC 是 24 V 直流供电、24 V 直流输入、晶体管输出；CPU224XP AC/DC/RLY 是 220 V 交流供电、24 V 直流输入、继电器输出。

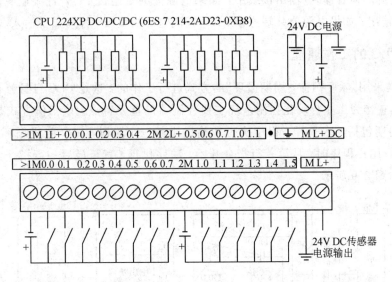

图 2.7　CPU224XP DC/DC/DC 电气接线示意图

从图 2.7 和图 2.8 中可以看出，当外部输入/输出信号有多个的时候，几个数字量输入/输出点组成一组，每组共享一个电源公共端，输入点的电源公共端以 xM 表示，如 1M，输出点的电源公共端以 xL＋或 xL 表示，如 1L＋或 1L。不同电源公共端在 PLC 内部是互不相通的，这是为了便于连接不同性质的输入信号或者适应不同电压的负载。如 CPU224XP DC/DC/DC 的输出端将开关量输出分为两组，每组各有一个公共端，共有 1L＋、2L＋两个公共端，可以接入不同电压等级的直流负载电源。CPU224XP AC/DC/RLY 是继电器输出电路，开关量输出分为三组，Q0.0～Q0.3 的电源公共端是 1L，Q0.4～Q0.6

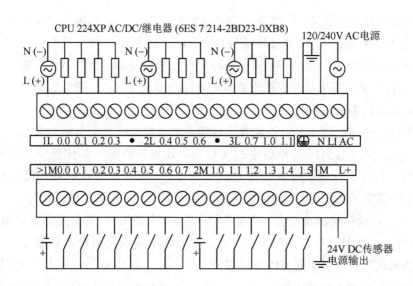

图 2.8　CPU224XP AC/DC/RLY 电气接线示意图

的电源公共端是 2L，Q0.7～Q1.1 的电源公共端是 3L，各组之间可以接入不同电压等级、不同电压性质的负载电源。

注：直流晶体管输入/输出接线中，如果电源公共端连接 24 V 直流电源的正极，称为源型输入/输出；如果电源公共端连接 24 V 直流电源的负极，称为漏型输入/输出。

2.2.3　PLC 的工作原理

PLC 是采用"顺序扫描，周期循环"的方式进行工作的，这是 PLC 自身特有的一种工作方式，也是它作为工业自动化控制系统主要控制器的重要特点。该工作方式是指：PLC 的一个扫描周期包括输入采样、程序执行和输出刷新三个阶段，三个阶段循环往复地执行，且 PLC 执行用户程序时，从第一行指令开始，顺序执行，直至最后一行指令为止。其工作原理流程如图 2.9 所示。

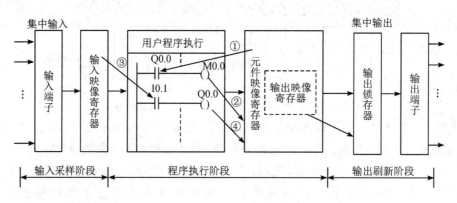

图 2.9　PLC 的工作原理流程示意图

PLC 在输入采样阶段：首先以扫描方式按顺序将所有暂存在输入锁存器中的输入端子的通断状态或输入数据读入，并将其写入各对应的输入映像寄存器中，即刷新输入。随即关闭输入端口，进入程序执行阶段。

PLC在程序执行阶段：按用户程序指令存放的先后顺序扫描执行每条指令，经相应的运算和处理后，再将其结果写入输出映像寄存器中，输出映像寄存器中所有的内容随着程序的执行而改变。

输出刷新阶段：当所有指令执行完毕，输出状态寄存器的通断状态在输出刷新阶段送至输出锁存器中，并通过一定的方式(断电器、晶体管或晶闸管)输出，驱动相应输出设备。图2.10所示为PLC扫描过程示例。

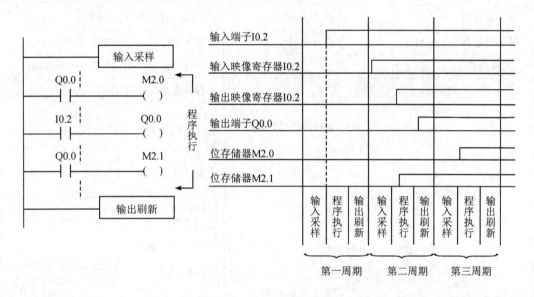

图2.10　PLC扫描过程示例

如图2.10所示，尽管I0.2在第一个周期的程序执行阶段导通，但因错过了第一个周期的输入采样阶段，状态不能更新，只有等到第二个周期的输入采样阶段才被更新，所以输出映像寄存器Q0.0要等到第二个周期的程序执行阶段才会变为1，Q0.0的对外输出要等到第二个周期的输出刷新阶段。而M2.0和M2.1都是由Q0.0触点驱动，但由于M2.0的线圈在Q0.0线圈前面，M2.1线圈在Q0.0线圈的后面，所以M2.1在第二个周期的程序执行阶段变为1，而M2.0要等到第三个周期的程序执行阶段才能变为1。这就是PLC的循环扫描串行工作方式。

2.2.4　PLC的编程语言

1. 编程元件

PLC是采用软件编制程序来实现控制要求的。编程时要使用到各种编程元件，它们可提供无数个动合触点(初始状态断开，动作时闭合)和动断触点(初始状态闭合，动作时断开)。编程元件包括输入寄存器、输出寄存器、位存储器、定时器、计时器、通用寄存器、数据寄存器及特殊功能存储器等。

PLC内部这些存储器的作用和继电器－接触器控制系统中使用的继电器十分相似，也有"线圈"与"触点"，但它们不是"硬"继电器，而是PLC存储器的存储单元。当写入该单元的逻辑状态为"1"时,则表示相应继电器线圈得电,其动合触点闭合,动断触点断开。所以,内部的这些存储器称为"软"继电器。

以 S7 - 200 CPU224XP 为例,西门子 S7 - 200 PLC 的编程元件存储器范围与功能说明如表 2.2 所示。

表 2.2　S7 - 200 CPU224XP 的编程元件

元件名称	符号	编号范围	功能说明
输入寄存器	I	I0.0～I1.5	接收外部输入设备的信号
输出寄存器	Q	Q0.0～Q1.1	输出程序执行结果并驱动外部设备
位存储器	M	M0.0～M31.7	在程序内部使用,不能提供外部输出
定时器	T	T0, T64	保持型通电延时 1 ms
		T1～T4, T65～T68	保持型通电延时 10 ms
		T5～T31, T69～T95	保持型通电延时 100 ms
		T32, T96	ON/OFF 延时, 1 ms
		T33～T36, T9～T100	ON/OFF 延时, 10 ms
		T37～T63, T101～T255	ON/OFF 延时, 100 ms
计数器	C	C0～C255	加法计数器,触点在程序内部使用
高速计数器	HC	HC0～HC5	用来累计比 CPU 扫描速率更快的事件
顺控继电器	S	S0.0～S31.7	提供控制程序的逻辑分段
变量存储器	V	VB0.0～VB5119.7	数据处理用的数值存储元件
局部存储器	L	LB0.0～LB63.7	使用临时的寄存器,作为暂时存储器
特殊存储器	SM	SM0.0～SM549.7	CPU 与用户之间交换信息
特殊存储器	SM(只读)	SM0.0～SM29.7	接收外部信号
累加寄存器	AC	AC0～AC3	用来存放计算的中间值

2. 编程语言

所谓程序编制,是指用户根据控制对象的要求,利用 PLC 厂家提供的程序编制语言,将一个控制要求描述出来的过程。PLC 最常用的编程语言是梯形图语言(Ladder Logic Programming Language,LAD)、指令语句表语言(Statement List Language,STI)和功能块图语言(Function Block Diagram Language,FBD)。

以电机起/停控制为例,图 2.11 给出三种编程语言的表示方法。

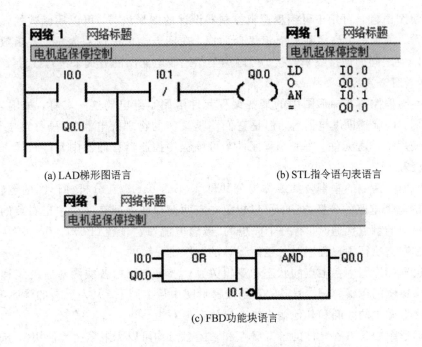

(a) LAD梯形图语言　　　　　　　　　　　(b) STL指令语句表语言

(c) FBD功能块语言

图 2.11　S7 - 200 PLC 编程语言对比示例

　　梯形图语言是 PLC 使用得最多的图形编程语言，被称为 PLC 的第一编程语言。梯形图语言沿袭了继电器控制电路的形式，是在常用的继电器与接触器逻辑控制基础上简化了符号演变而来的，具有形象、直观、实用等特点，容易被电气技术人员接受，是运用最多的一种 PLC 的编程语言。在 PLC 梯形图中，左边从上到下垂直的实线称作母线，类似于继电器与接触器控制回路的电源线，而输出线圈类似于负载，输入触点类似于按钮。梯形图由若干阶级构成，自上而下排列，每个阶级起于左母线，经过触点等中间的各种逻辑元件的组合关系，止于右侧输出线圈或功能块，如图 2.12 所示。

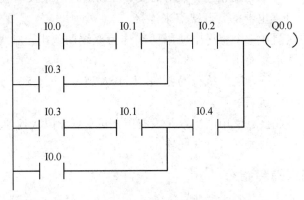

图 2.12　S7 - 200 PLC 梯形图语言示例

　　指令语句表语言是一种用指令助记符来编制 PLC 程序的语言，它类似于计算机的汇编语言，但比汇编语言易懂易学，若干条指令组成的程序就是指令语句表。一条指令语句由步序、指令语和作用器件编号三部分组成。

功能块图语言是可用于可编程逻辑控制器设计的图形语言，可以用函数的输入及输出来描述函数。函数是由许多基本模组集合而成，在图上会以一区块表示，各函数的输入及输出是由区块之间的连接线来连接。可以用类似绘制电路图的方式来进行设计。

1）梯形图语言的主要特点

（1）可编程控制器梯形图中的某些编程元件沿用了继电器这一名称，如输入继电器、输出继电器、内部辅助继电器等，但是它们不是真实的物理继电器（即硬件继电器），而是在软件中使用的编程元件。每一编程元件与可编程序控制器存储器中元件映像寄存器的一个存储单元相对应。

（2）梯形图两侧的垂直公共线称为公共母线（Bus bar）。在分析梯形图的逻辑关系时，为了借用继电器电路的分析方法，可以想象左右两侧母线之间有一个左正右负的直流电源电压，当图中的触点接通时，有一个假想的"概念电流"或"能流（Power flow）"从左到右流动，这一方向与执行用户程序时的逻辑运算的顺序是一致的。

（3）根据梯形图中各触点的状态和逻辑关系，求出与图中各线圈对应的编程元件的状态，称为梯形图的逻辑解算。逻辑解算是按梯形图中从上到下、从左到右的顺序进行的。

（4）梯形图中的线圈和其他输出指令应放在最右边。

（5）梯形图中各编程元件的常开触点和常闭触点均可以无限多次地使用。

2）梯形图语言的编程规则

梯形图语言的编程规则如下：

（1）外部输入/输出继电器、内部继电器、定时器、计数器等器件的接点可多次重复使用，无需用复杂的程序结构来减少接点的使用次数。

（2）梯形图每一行都是从左母线开始，线圈接在右边。接点不能放在线圈的右边，在继电器控制的原理图中，热继电器的接点可以加在线圈的右边，而在PLC的梯形图中是不允许的。

（3）线圈不能直接与左母线相连。如果需要，可以通过一个没有使用的内部继电器的常闭接点或者特殊内部继电器的常开接点来连接。

（4）同一编号的线圈在一个程序中使用两次称为双线圈输出。双线圈输出容易引起误操作，应尽量避免线圈重复使用。

（5）梯形图程序必须符合顺序执行的原则，即从左到右，从上到下地执行，如不符合顺序执行的电路就不能直接编程。

（6）在梯形图中串联接点使用的次数是没有限制的，可无限次地使用。

（7）两个或两个以上的线圈可以并联输出。

2.2.5 PLC的基本编程指令

虽然不同品牌的PLC编程指令各不相同，如西门子和三菱的指令名字和符号都是不一样的，但是从指令本身功能来看，其实它们都是符合PLC的技术规范与标准，因此具有普遍性。本节以西门子PLC的编程指令为例，介绍了S7 - 200系列PLC的基本指令，如表2.3所示。

表 2.3 S7 - 200 的基本指令简表

助记符	节点命令	功 能 说 明
LD	N	装载(开始的常开触点)
LDN	N	取反后装载(开始的常闭触点)
A	N	与(串联的常开触点)
AN	N	取反后与(串联的常闭触点)
O	N	或(并联的常开触点)
ON	N	取反后或(并联的常闭触点)
EU		上升沿检测
ED		下降沿检测
=	N	赋值
S	S_BIT, N	置位一个区域
R	S_BIT, N	置位一个区域
SHRB	DATA, S_BIT, N	移位寄存器
SRB	OUT, N	字节右移 N 位
SLB	OUT, N	字节左移 N 位
RRB	OUT, N	字节循环右移 N 位
RLB	OUT, N	字节循环左移 N 位
TON	Txxx, TP	通电延时定时器
TOF	Txxx, TP	断电延时定时器
CTU	Cxxx, PV	加计数器
CTD	Cxxx, PV	减计数器
END		程序的条件结束
STOP		切换到 STOP 模式
JMP	N	跳到指定的标号
ALD		电路块串联
OLD		电路块并联

2.2.6 PLC 的编程软件

1. STEP 7 – Micro/WIN32 软件

设计、编写 PLC 控制程序的软件称作 PLC 编程软件，如西门子 S7 – 200 PLC 的编程软件是 STEP 7 – Micro/WIN32，如图 2.13 所示。PLC 编程软件不仅可以编写梯形图等功能程序，还具备程序编译、调试、监控等多种功能，而且还可以完成 PLC 硬件系统的组态、参数设定、通信连接等操作，是 PLC 系统设计的综合性软件平台。

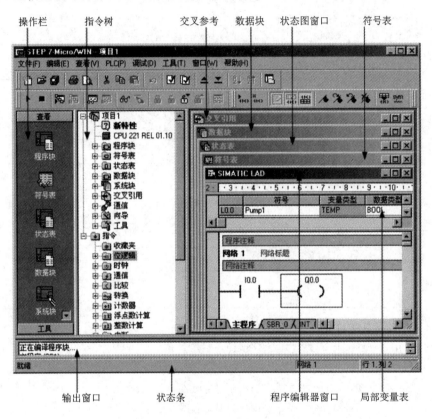

图 2.13　STEP 7 – Micro/WIN32 V4.0 编程环境主界面

下面说明主界面中的各个部件的功能：

1）操作栏

"查看"——选择该类别，为程序块、符号表，状态图，数据块，系统块，交叉参考及通讯显示按钮控制。

"工具"——选择该类别，显示指令向导、文本显示向导、位置控制向导、EM 253 控制面板和调制解调器扩展向导的按钮控制。

2）指令树

提供所有项目对象和为当前程序编辑器（LAD、FBD 或 STL）提供的所有指令的树型视图。用户可以用鼠标右键点击树中"项目"部分的文件夹，插入附加程序组织单元（POU）。用户可以用鼠标右键点击单个 POU，打开、删除、编辑其属性表，用密码保护或重命名子程序及中断程序。

用户可以用鼠标右键点击树中"指令"部分的一个文件夹或单个指令，以便隐藏整个树。用户一旦打开指令文件夹，就可以拖放单个指令或双击，按照需要自动将所选指令插入程序编辑器窗口中的光标位置。用户可以将指令拖放在"偏好"文件夹中，排列经常使用的指令。

3）程序编辑器窗口

包含用于该项目的编辑器（LAD、FBD 或 STL）的局部变量表和程序视图。如果需要，用户可以拖动分割条，扩展程序视图，并覆盖局部变量表。当用户在主程序一节（OB1）之外建立子程序或中断例行程序时，标记会出现在程序编辑器窗口的底部。可点击该标记，在子程序、中断和 OB1 之间切换。

4）输出窗口

在用户编译程序时提供信息。当输出窗口列出程序错误时，用户可双击错误信息，程序编辑器窗口中会显示适当的网络。当用户编译程序或指令库时，提供信息。当输出窗口列出程序错误时，用户可以双击错误信息，程序编辑器窗口中会显示适当的网络。

5）状态条

提供用户在 STEP 7 - Micro/WIN 中操作时的操作状态信息。

6）符号表/全局变量表窗口

允许用户分配和编辑全局符号（即可在任何 POU 中使用的符号值，不只是建立符号的 POU）。用户可以建立多个符号表。可在项目中增加一个 S7 - 200 系统符号预定义表。

7）局部变量表

包含用户对局部变量所作的赋值（即子程序和中断例行程序使用的变量）。在局部变量表中建立的变量使用暂时内存，地址赋值由系统处理，变量的使用仅限于建立此变量的 POU。

8）交叉参考

允许用户检视程序的交叉参考和组件使用信息。

9）数据块

允许用户显示和编辑数据块内容。

10）状态图窗口

允许用户将程序输入、输出或将变量置入图表中，以便追踪其状态。用户可以建立多个状态图，以便从程序的不同部分检视组件。每个状态图在状态图窗口中有自己的标签。

11）菜单条

允许用户使用鼠标或键击执行操作。用户可以定制"工具"菜单，在该菜单中增加自己的工具。

12）工具条

为最常用的 STEP 7 - Micro/WIN 操作提供便利的鼠标访问。用户可以定制每个工具条的内容和外观。

2. STEP 7 - Micro/WIN SMART 软件

STEP 7 - Micro/WIN SMART 是 S7 - 200 SMART 系列控制器的组态、编程和操作软件，能够运行在 Windows 7 或 Windows 10 操作系统上，支持 LAD（梯形图）、STL（语句表）和 FBD（功能块图）编程语言，一次可将 STEP 7 - Micro/WIN SMART 的一个实例连接至一个 S7 - 200 SMART CPU，如图 2.14 所示。

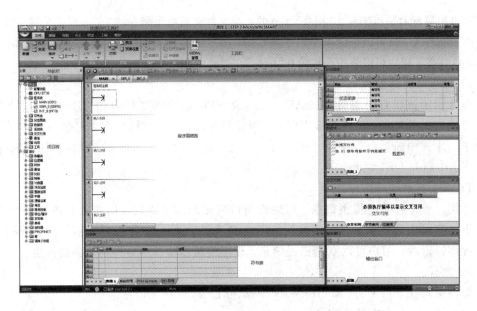

图 2.14 STEP 7 – Micro/WIN SMART 编程环境主界面

从图中可知，STEP 7 – Micro/WIN SMART 为用户提供了多个功能窗口，如程序编辑器、变量表、监控图表等。根据用户需要，每个窗口均可随意移动，并有八种拖拽放置方式，窗口可停放或浮动以及排列在屏幕上。软件可单独显示每个窗口，也可合并多个窗口以便用户从单独选项卡访问各窗口，提高编程效率。

STEP 7 – Micro/WIN SMART 集成了简易快捷的向导设置功能，只需按照向导提示设置每一步的参数即可完成复杂功能的设定。新的向导功能允许用户直接对其中某一步的功能进行设置、修改，已设置的向导无需重新设置每一步。向导设置可支持：运动、HSC（高速计数器）、PID、PWM、PROFINET 等功能。

STEP 7 – Micro/WIN SMART 在"状态图表"中，可监测 PLC 每一路输入输出通道的当前值，同时可对每一路通道进行强制输入操作来检验程序逻辑的正确性。状态监测值既能通过数值形式，也能通过比较直观的波形图来显示，二者可互相切换。另外，对 PID 和运动控制操作，STEP 7 – Micro/WIN SMART 通过专门的操作面板可对设备运行状态进行监控。

┤2.3├—PLC 基本应用案例

本节学习目标
（1）掌握 PLC 的常用指令；
（2）掌握 PLC 的典型程序设计方法；
（3）掌握 PLC 的电气回路设计。

2.3.1 案例 1：单按钮控制 3 个指示灯

功能：利用 1 个按钮，实现 3 个指示灯的顺序接通及熄灭。

具体要求：按钮按下 1 次，1♯指示灯点亮；按钮按下 2 次，2♯指示灯点亮；按钮按下 3 次，3♯指示灯点亮；按钮按下 4 次，所有指示灯同时熄灭。

案例知识点

(1) SMART 编程环境、梯形图设计方法、程序运行与调试；

(2) SMART PLC 的类型与选用；

(3) DI/DO 工作原理和电气连接；

(4) 计数器元件的类型、工作原理、指令使用方法；

(5) PLC 基本逻辑控制程序算法。

---

1. I/O 配置

根据案例要求，按钮与指示灯均为二端元件，通过 DI、DO 即可实现输入与输出，因此配置 PLC 的输入输出点如表 2.4 所示。

表 2.4　案例 1 的 I/O 配置表

序号	I/O 地址	I/O 类型	说　明
1	I0.0	DI	连接按钮
2	Q0.0	DO	连接 1♯指示灯
3	Q0.1	DO	连接 2♯指示灯
4	Q0.2	DO	连接 3♯指示灯

2. PLC 编程元件配置

根据案例要求，按钮按下的次数作为输入条件来决定不同的输出状态，PLC 可以通过"计数器"指令来实现对按钮动作的计数（方法之一，不仅限于采用计数器指令），配置 PLC 的编程元件如表 2.5 所示

表 2.5　案例 1 的编程元件配置表

序号	编程元件地址	编程元件类型	说　明
1	C0	CTU	加计数

3. PLC 程序设计

根据案例要求，设计 PLC 控制程序。其中，计数器 C0 的输入端 CU 连接按钮 I0.0 的上升沿检测，当接收到一次 I0.0 从 0 到 1 的动作时，C0 做+1 操作；C0 预设值 PV=4，当 C0 计数值=4 时，其常开触点闭合，C0 的复位端 R 为 1，让计数器 C0 复位重置；通过 C0 计数值的比较指令作为输入条件，产生不同的输出状态。完整的程序如图 2.15 所示。

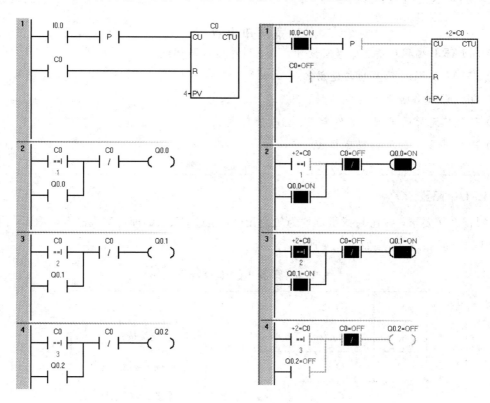

图 2.15 单按钮控制 3 个输出的 PLC 程序及实时状态

2.3.2 案例 2：单按钮控制 2 个指示灯闪烁

功能：利用 1 个按钮，实现 2 个指示灯的闪烁。

具体要求：开关闭合时，1♯指示灯和 2♯指示灯交替输出，1♯指示灯接通时长为 3 s，2♯指示灯接通时长为 2 s。开关断开时，指示灯全部熄灭。

案例知识点

（1）定时器元件的类型、工作原理、指令使用方法；

（2）PLC 基本逻辑控制程序算法。

---

1. I/O 配置

根据案例要求，开关与指示灯均为二端元件，通过 DI、DO 即可实现输入与输出，因此配置 PLC 的输入输出点如表 2.6 所示。

表 2.6　案例 2 的 I/O 配置表

序号	I/O 地址	I/O 类型	说　明
1	I0.0	DI	连接开关
2	Q0.3	DO	连接 1♯指示灯
3	Q0.4	DO	连接 2♯指示灯

2. PLC 编程元件配置

根据案例要求，PLC 可以通过"定时器"指令来实现指示灯的时长控制(方法之一，不仅限于采用定时器指令)，配置 PLC 的编程元件如表 2.7 所示。

表 2.7　案例 2 的编程元件配置表

序号	编程元件地址	编程元件类型	说　明
1	T38	TON	时基 100 ms 的接通延时定时器
2	T39	TON	时基 100 ms 的接通延时定时器

3. PLC 程序设计

根据案例要求，设计 PLC 控制程序。其中，定时器 T38 的常开触点控制 1♯指示灯置位接通、2♯指示灯复位熄灭；定时器 T39 的常开触点控制 2♯指示灯置位接通、1♯指示灯复位熄灭。同时，T38 常开触点作为 T39 的启动信号，T39 的常闭触点作为 T38 的复位信号。T38 和 T39 的设定时长(分别是 3000 ms 和 2000 ms)决定了指示灯的接通时长。完整的程序如图 2.16 所示。

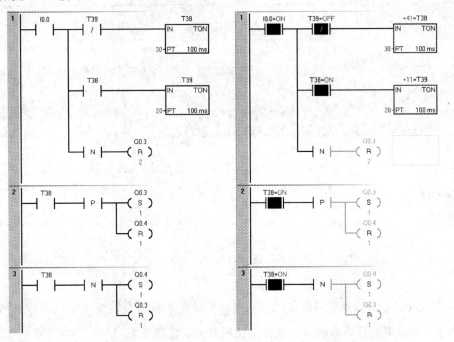

图 2.16　单开关控制 2 个指示灯闪烁的 PLC 程序及实时状态

第 2 章　PLC 运动控制器

47

为了更清晰地分析本案例中元件的运行状态，在菜单栏选择"调试"，再选择"图表状态"打开状态图表，如图 2.17 所示。

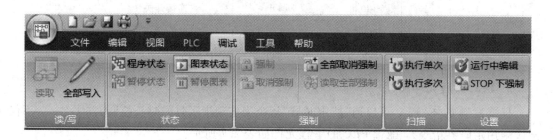

图 2.17 打开图表状态

然后在状态图表中输入所要监控的元件地址，即可通过图表的方式查看各元件的实时当前值，如图 2.18 所示。

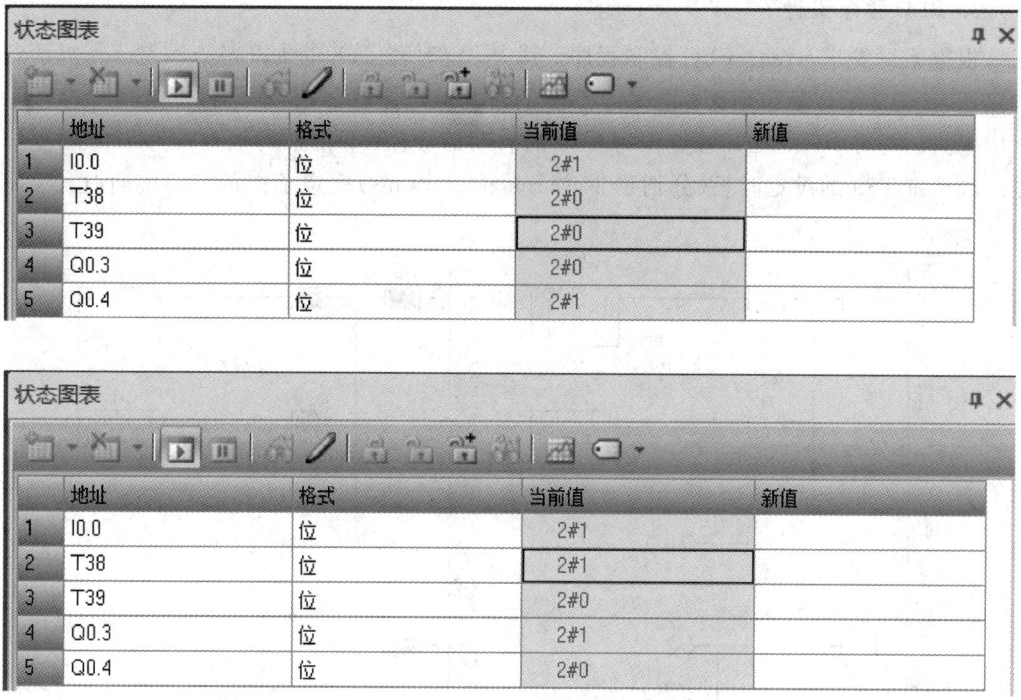

状态图表

	地址	格式	当前值	新值
1	I0.0	位	2#1	
2	T38	位	2#0	
3	T39	位	2#0	
4	Q0.3	位	2#0	
5	Q0.4	位	2#1	

状态图表

	地址	格式	当前值	新值
1	I0.0	位	2#1	
2	T38	位	2#1	
3	T39	位	2#0	
4	Q0.3	位	2#1	
5	Q0.4	位	2#0	

图 2.18 通过状态图表查看当前值

除了通过状态图表查看当前值的方式，还可以在状态图表的菜单栏点击"趋势视图"打开时序图，可以更加直观地查看各元件的实时状态，如图 2.19 和图 2.20 所示。

智能运动控制基础

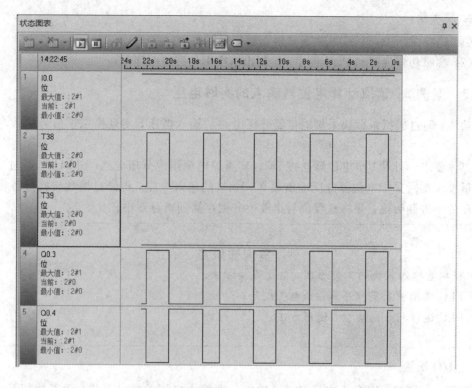

图 2.19　通过趋势视图(时基 0.5 s)查看开关闭合后的实时状态

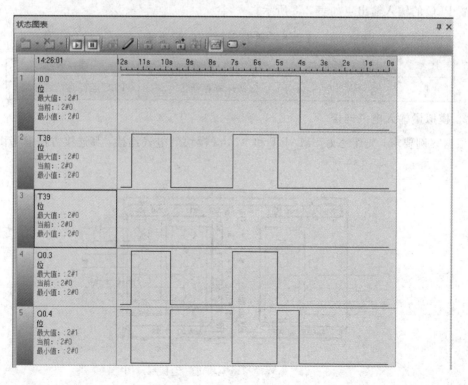

图 2.20　通过趋势视图(时基 0.25 s)查看开关断开后的实时状态

4. 思考题

(1) 趋势视图中,为何 T39 常开触点始终显示为 0?

(2) 参照趋势视图和 PLC 程序,绘制出本案例的完整时序图。

2.3.3 案例 3:读取计算电位器输入的实时电压

功能:通过模拟量模块采集电位器分压电路的输入电压,实现模拟量信号输入与数值换算。

具体要求:利用 1 个电位器连接 DC24V 直流电源组成分压电路,SMART 通过 AM03 模拟量模块实时采集电位器分压输出端 0~10 V 的输入电压,再经过模数转换运算得到输入电压的十进制数值,并将整数位与小数位分别存储到寄存器中。

案例知识点

(1) 模拟量输入模块的工作原理、电气连接方法;

(2) PLC 模拟量采集程序算法、电气规范;

(3) PLC 运算指令的类型、使用方法。

---

1. I/O 配置

根据案例要求,PLC 上电后自动开始电位器输入电压的信号采集,无需外部开关,因此配置 PLC 的输入输出点如表 2.8 所示。

表 2.8 案例 3 的 I/O 配置表

序号	I/O 地址	I/O 类型	说　明
1	SM0.0	特殊寄存器位	PLC 运行时始终接通

2. 模拟量输入电气连接

根据案例要求,先组态好 SMART 和 AM03 模块的电气连接,其连接方法参考图 2.21 所示。

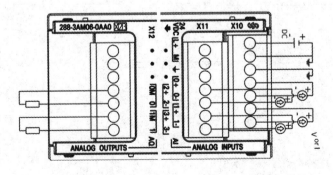

图 2.21 AM 模拟量模块电气连接示意图

电位器与 AM03 模块的连接方法：电位器的 1 脚接＋24 V，3 脚接 0 V，2 脚接 AM03 模块的"0＋"端子；AM03 模块的"0－"端子与电位器 3 脚相连接到 0 V。

3. 模拟量输入模块的参数组态

在 SMART 编程环境的"项目树"中双击"CPU ST30"(或者其他项目实际所用 CPU 类型)打开"系统块"页面，在 EM0 的下拉列表中选择"AM03(2AI/AQ)"模块，系统默认给 AM03 模块配置了 AI 地址和 AO 地址，分别是 AIW16、AIW18 和 AQW16。根据 AI 输入的类型，将通道 0 设置为电压±10 V，滤波设置为强滤波，即采集 32 个周期的平均值作为输入数据以消除采集时的波动，如图 2.22 所示。

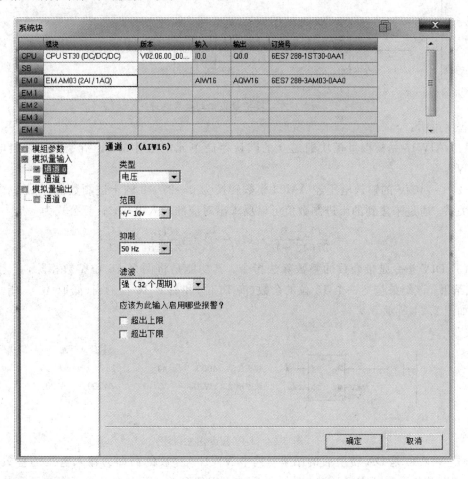

图 2.22　设置模拟量输入通道参数

需要注意的是，对于某些动态波动较大的模拟量信号，需要设置相应的滤波，本案例选择强滤波(32 个周期)，指的是 AIW16 通道将每采样 32 个周期后得到的一个平均值作为输入值。除了强滤波(32 个周期)之外，还有无滤波(1 个周期)、弱滤波(4 个周期)和中滤波(16 个周期)，实际工程应用中，可以通过逐个实验来选取最为合适的滤波类型。

4. 模拟量采集与换算程序设计

根据案例要求，设计如图 2.23 所示的 PLC 程序。

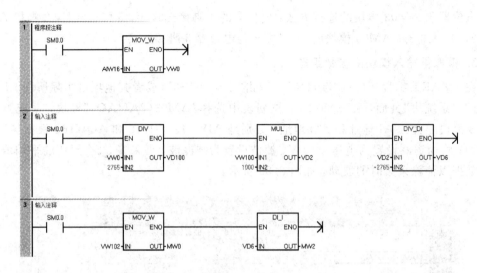

图 2.23　模拟量采集与换算程序

程序说明：

（1）AIW16 是模拟量模块通道 0 的默认存储单元，利用 MOV 指令实时采集电压值至 VW0。

（2）0～10 V 的输入电压经 AM03 模数转换为 0～27648 的十进制数值，A、D 之间是线性关系，通过采集到的十进制数值可以反求出对应的输入电压，计算公式为

$$U_A = \frac{U_D - 0}{27648 - 0} \times (10 - 0) = \frac{10U_D}{27648} \approx \frac{U_D}{2765}$$

（3）DIV 指令是带余数的整数除法指令，其功能是将两个 16 位整数相除，产生一个 32 位结果，该结果包括一个 16 位的余数（高 16 位）和一个 16 位的商（低 16 位），指令操作示例如图 2.24 所示。

图 2.24　DIV 指令用法说明

（4）VD100 是 DA 转换后的结果，其中 VW102 存放的商即为输入电压的整数数值，VW100 存放的余数还需经过进一步的计算才可以得到输入电压的小数数值，计算公式为：余数×1000÷2765。余数乘 1000 是为了得到小数点后面 3 位小数数值，如果需要得到小数点后面 2 位小数数值，则余数乘 100 即可。计算完成后，将输入电压的整数数值存放在MW0，小数数值存放在 MW2。

（5）实际输入电压可以通过万用表进行对比测定，以检测程序运算结果是否达到要求。例如，输入电压测得是 5.80 V，如图 2.25 所示，通过程序换算得到整数位数值是 5，小数位数值是 806，即 5.806，与实际值基本相符。

52

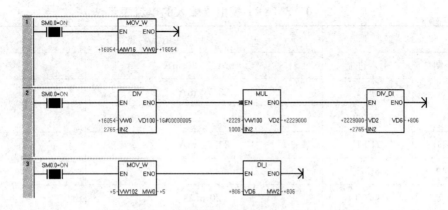

图 2.25　模拟量采集与换算程序状态监控

5. 思考题

已知某重量传感器的量程为 0～10 kg，输出的模拟量信号为 4～20 mA。SMART 模拟量模块电流输入的计算公式为

$$y = (x - 5530) \times (20 - 4) \div (27648 - 5530) + 4$$

即 0 kg 对应输入电流 4 mA（AI 转换为 5530），20 kg 对应输入电流 20 mA（AI 转换为 27648）。试着编写重量传感器的采集与换算程序，并完成电气连接图。

6. SMART 模拟量输入输出电气规范

SMART 模拟量输入输出电气规范如表 2.9、表 2.10、表 2.11、表 2.12 所示。

表 2.9　SMART 模拟量输入的电压表示法

系　　　统		电压测量范围				
十进制	十六进制	±10 V	±5 V	±2.5 V	±1.25 V	
32767	7FFF1	11.851 V	5.926 V	2.963 V	1.481 V	上溢
32512	7F00					
32511	7EFF	11.759 V	5.879 V	2.940 V	1.470 V	过冲范围
27649	6C01					
27648	6C00	10 V	5 V	2.5 V	1.250 V	
20736	5100	7.5 V	3.75 V	1.875 V	0.938 V	
1	1	361.7 μV	180.8 μV	90.4 μV	45.2 μV	
0	0	0 V	0 V	0 V	0 V	额定范围
−1	FFFF					
−20736	AF00	−7.5 V	−3.75 V	−1.875 V	−0.938 V	
−27648	9400	−10 V	−5 V	−2.5 V	−1.250 V	
−27649	93FF					
−32512	8100	−11.759 V	−5.879 V	−2.940 V	−1.470 V	下冲范围
−32513	80FF					
−32768	8000	−11.851 V	−5.926 V	−2.963 V	−1.481 V	下溢

表 2.10　SMART 模拟量输入的电流表示法

系　统		电流测量范围	
十进制	十六进制	0 mA 到 20 mA	
32767	7FFF	23.70 mA	上溢
32512	7F00		上溢
32511	7EFF	23.52 mA	过冲范围
27649	6C01		过冲范围
27648	6C00	20 mA	额定范围
20736	5100	15 mA	额定范围
1	1	723.4 nA	额定范围
0	0	0 mA	额定范围
−1	FFFF		下冲范围
−4864	ED00	−3.52 mA	下冲范围
−4865	ECFF		下溢
−32768	8000		下溢

表 2.11　SMART 模拟量输出的电压表示法

系　统		电压输出范围	
十进制	十六进制	±10 V	
32767	7FFF	请参见注 1	上溢
32512	7F00	请参见注 1	上溢
32511	7EFF	11.76 V	过冲范围
27649	6C01		过冲范围
27648	6C00	10 V	额定范围
20736	5100	7.5 V	额定范围
1	1	361.7 μV	额定范围
0	0	0 V	额定范围
−1	FFFF	−361.7 μV	额定范围
−20736	AF00	−7.5 V	额定范围
−27648	9400	−10 V	额定范围

系　　　统		电压输出范围	
十进制	十六进制	±10 V	
−27649	93FF		下冲范围
−32512	8100	−11.76 V	
−32513	80FF	请参见注 1	下溢
−32768	8000	请参见注 1	

注 1：在上溢或下溢情况下，模拟量输出将采用 STOP 模式的替代值。

表 2.12　SMART 模拟量输出的电流表示法

系　　　统		当前输出范围	
十进制	十六进制	0 mA 到 20 mA	
32767	7FFF	请参见注 1	上溢
32512	7F00	请参见注 1	
32511	7EFF	23.52 mA	过冲范围
27649	6C01		
27648	6C00	20 mA	额定范围
20736	5100	15 mA	
1	1	723.4 nA	
0	0	0 mA	
−1	FFFF		下冲范围
−6912	E500		
−6913	E4FF	不可能。输出值限制在 0 mA	
−32512	8100		
−32513	80FF	请参见注 1	下溢
−32768	8000	请参见注 1	

注 1：在上溢或下溢情况下，模拟量输出将采用 STOP 模式的替代值。

2.3.4 案例4：高速计数器 HSC 采集编码器信号

功能：通过 S7-200 SMART 采集外部编码器的高速输入信号，检测电机旋转状态。

具体要求：通过旋转编码器和 PLC 的高速计数器 HSC 检测电机的旋转状态，当电机旋转10圈时接通指示灯；具备外部开关复位编码器的功能。

案例知识点

(1) 编码器的类型、工作原理、电气连接方法；

(2) 高速计数器 HSC 的类型、模式、系统设置与使用方法；

(3) PLC 中断控制程序算法。

---

1. SMART 高速计数器的基本说明

高速计数器 HSC 是 PLC 实时采集旋转编码器等外部高频输入信号的功能指令，实现对标准计数器无法控制的高速事件进行计数。举例来说，在运动控制中，通常利用 HSC 通过采集旋转编码器的信号以达到检测三相交流电机的转速、旋转周数等过程数据的功能。旋转编码器在运动控制系统中的应用方法如图 2.26 所示。

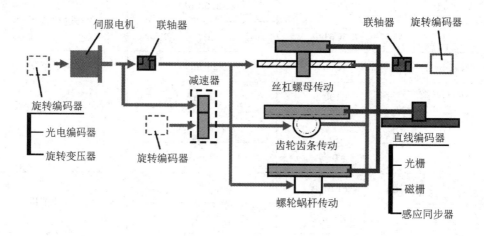

图 2.26　编码器应用示意图

旋转编码器是利用光电转换原理，将机械角位移变换成电脉冲信号的装置，是机电控制系统中常用的位置及速度检测元件。旋转编码器有绝对式和增量式两种，增量式编码器比较通用，适用于大部分场合。绝对式编码器有量程范围，适合用在一些特殊机床上。

绝对式编码器的光码盘上有许多道光通道刻线，每道刻线依次以2线、4线、8线、16线编排，在编码器的每一个位置，通过读取每道刻线的通、暗，获得一组从2的零次方到2的 $n-1$ 次方的唯一的二进制编码(格雷码)，如图 2.27 所示。

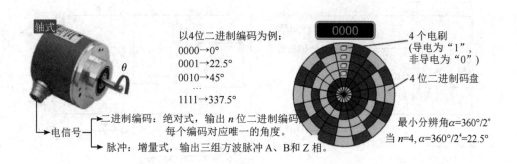

以4位二进制编码为例：
0000→0°
0001→22.5°
0010→45°
...
1111→337.5°

4个电刷
(导电为"1"，
非导电为"0")

4位二进制码盘

最小分辨角 $\alpha=360°/2^n$
当 $n=4$，$\alpha=360°/2^4=22.5°$

二进制编码：绝对式，输出 n 位二进制编码
每个编码对应唯一的角度。
脉冲：增量式，输出三组方波脉冲A、B和Z相。

图 2.27   绝对式编码器

增量式编码器是直接利用光电转换原理输出三组方波脉冲A、B和Z相；A、B两组脉冲相位相差90°，正转时A相超前B相90°，反转时B相超前A相90°，从而可以方便地判断出旋转方向；而Z相不同于A、B相，每转一圈只产生一个脉冲，用于基准点定位。增量式编码器如图 2.28 所示。

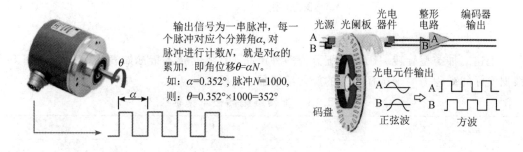

输出信号为一串脉冲，每一个脉冲对应个分辨角 α，对脉冲进行计数 N，就是对 α 的累加，即角位移 $\theta=\alpha N$。
如：$\alpha=0.352°$，脉冲 $N=1000$，则 $\theta=0.352°\times1000=352°$

光源 光闸板   光电器件   整形电路   编码器输出

光电元件输出
A
B
正弦波

A
B
方波

码盘

图 2.28   增量式编码器

编码器按照输出端的电气信号分为两种类型：集电极开路输出型和电压输出型，集电极开路输出又分为集电极开路NPN型和集电极开路PNP型，如图 2.29 所示。

从图 2.29 中可知，集电极开路输出型是以输出电路的晶体管发射极作为公共端，并且集电极悬空的输出电路。根据使用的晶体管类型不同，分为NPN集电极开路输出(也称作漏型输出，当逻辑1时输出电压为0 V)和PNP集电极开路输出(也称作源型输出，当逻辑1时，输出电压为电源电压)两种形式。在编码器供电电压和信号端的电压不一致的情况下可以使用这种类型的输出电路。电压输出型，是在集电极开路输出电路的基础上，在电源和集电极之间接了一个上拉电阻，这样就能使得集电极和电源之间有一个稳定的电压状态。一般在编码器供电电压和信号端的电压一致的情况下使用这种类型的输出电路。

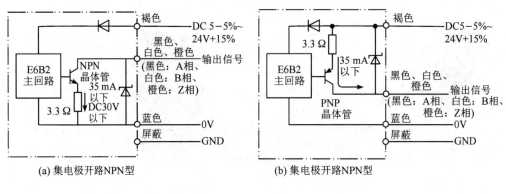

(a) 集电极开路NPN型　　　　　(b) 集电极开路NPN型

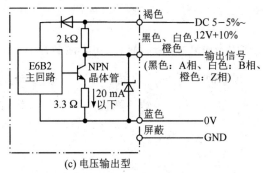

(c) 电压输出型

图 2.29　编码器的输出类型

上述三种类型旋转编码器又细分为多种产品，具体的技术指标如表 2.13 所示，用户可根据实际的工程需要来选择相应的旋转编码器。

表 2.13　旋转编码器技术指标

电源电压	输出形式	分辨率(脉冲/旋转)	电气接线
DC 5～24V	集电极开路输出 NPN 型	10、20、30、40、50、60、100、200、300、360、400、500、600、720、800、1000、1024、1200、1500、1800、2000	
DC 12～24V	集电极开路输出 PNP 型	100、200、360、500、600、1000、2000	褐色：电源(＋Vcc)　蓝色：0 V(COM)　黑色：输出 A 相　白色：输出 B 相　橙色：输出 Z 相
DC 5～12V	电压输出型	10、20、30、40、50、60、100、200、300、360、400、500、600、720、800、1000、1024、1200、1500、1800、2000	

SMART 为高速计数器 HSC 分配了以下数字量输入点：I0.0~I0.7、I1.0~I1.2，如表 2.14 所示。用户必须按照表中规定的规则配置 HSC 和输入点，否则 HSC 将无法正常工作。

表 2.14　SMART 高速计数器的输入点分配

模式	说明	输入点分配		
	HSC0	I0.0	I0.1	I0.4
	HSC1	I0.1		
	HSC2	I0.2	I0.3	I0.5
	HSC3	I0.3		
	HSC4	I0.6	I0.7	I1.2
	HSC5	I1.0	I1.1	I1.2
0	具有内部方向控制的单相计数器	时钟		
1		时钟		复位
3	具有外部方向控制的单相计数器	时钟	方向	
4		时钟	方向	复位
6	具有 2 个时钟输入的双相计数器	增时钟	减时钟	
7		增时钟	减时钟	复位
9	AB 正交相计数器	时钟 A	时钟 B	
10		时钟 A	时钟 B	复位

从表 2.14 中可知，Smart 共有 6 个高速计数器：HSC0、HSC1、HSC2、HSC3、HSC4、HSC5，8 种高速计数模式：模式 0、模式 1、模式 3、模式 4、模式 6、模式 7、模式 9、模式 10。所有高速计算器的运行方式与相同操作模式一样，但对于每一个 HSC 来说，并不都支持每一种模式，其中 HSC0、HSC2、HSC4 和 HSC5 支持全部 8 种计数模式，而 HSC1 和 HSC3 只支持一种计数模式（模式 0）。

HSC 的输入连接（时钟、方向和复位）必须使用 SMART CPU 本体的集成输入通道，信号板或扩展模块上的输入通道不能用于高速计数器。同一个输入点无法用于两个不同的功能，但是其高速计数器的当前模式未使用的任何输入均可用于其它用途。例如，如果 HSC0 的当前模式为使用 I0.0 和 I0.4 的模式 1 时，则可将 I0.1、I0.2 和 I0.3 用做开关输入、HSC2 的模式 3 等。

2. 通过高速计数器向导设置 HSC

接下来开始本案例的程序设计，首先通过 SMART 编程环境内置的高速计数器向导，它为创建 HSC 指令提供了便捷方式，过程如下：

（1）在"项目树"的"向导"中找到"高速计数器"，双击进入高速计数器向导界面，如图 2.30 所示。勾选所需计数器数量，本案例只有一个高速输入信号，因此勾选 HSC0 即可。

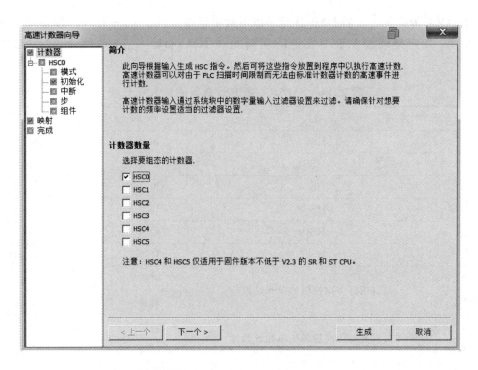

图 2.30　选择高速计数器编号

（2）点击下一步，可以更改 HSC0 的命名，比如命名为"＃1 电机编码器"，如图 2.31 所示。

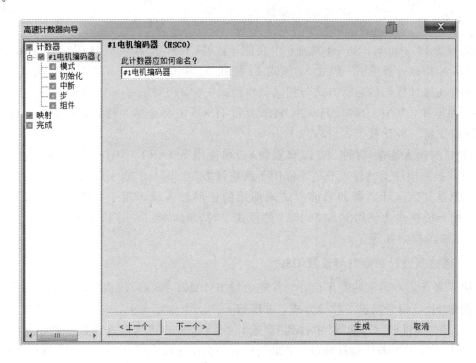

图 2.31　设置高速计数器命名

（3）点击下一步，选取 HSC0 的模式。

本案例选择模式 1，即具有内部方向控制功能和外部复位的单相时钟计数器，如图 2.32 所示。

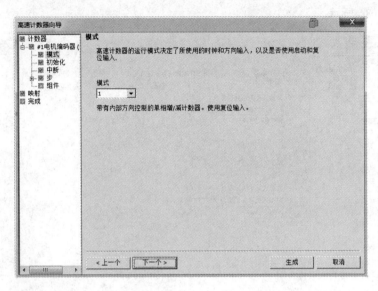

图 2.32　选取高速计数器运行模式

（4）点击下一步，初始化 HSC0。

对高速计数器初始化，包括为子程序命名、设置预设值等，如图 2.33 所示。每个高速计数器内部都存储着一个 32 位当前值 CV（Current Value）和一个 32 位预设值 PV（Preset Value），当前值 CV 是计数器的实际计数值，而预设值 PV 是当前值达到预设值时选择用于触发中断的比较值。

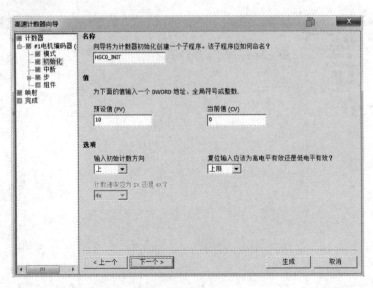

图 2.33　初始化高速计数器

（5）点击下一步，为 HSC0 设置中断。

对于不同运行模式，系统为高速计数器设置了不同的中断，可以按照实际情况进行选择。本案例中，选取"当前值等于预设值时的中断"和"外部复位激活后的中断"，默认中断命名，如图 2.34 所示。

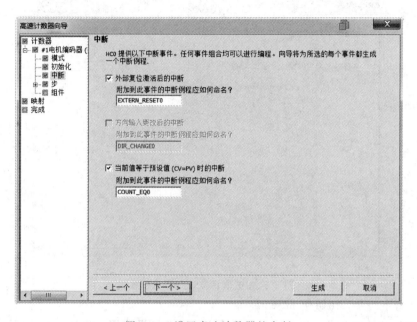

图 2.34　设置高速计数器的中断

（6）点击下一步，选择中断步数。

设置当高速计数器的输入等于预设值后执行的中断程序步数，默认是 1 步，如图 2.35 所示。

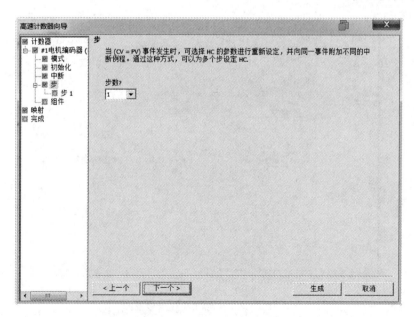

图 2.35　设置中断步数

（7）点击下一步，设置中断步。

设置中断步的功能，根据案例要求，不勾选更新，如图 2.36 所示。

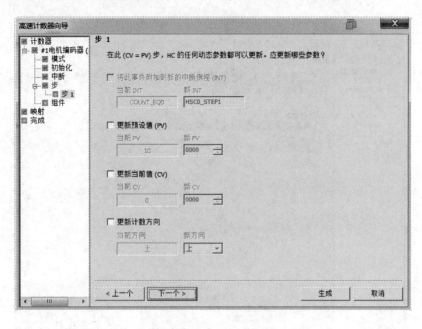

图 2.36　设置中断步的功能

（8）点击下一步，显示组件。

上述设置完成后，系统自动为 HSC0 配置了 3 个组件，包括 1 个初始化子程序和 2 个中断程序，确认即可，如图 2.37 所示。

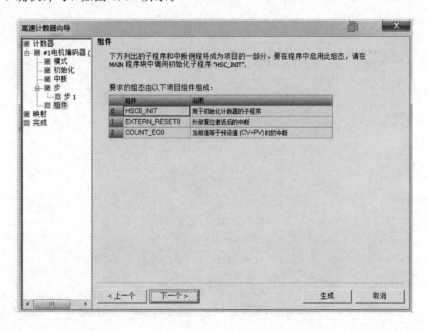

图 2.37　高数计数器的组件

（9）点击下一步，显示映射。

生成 HSC0 的 I/O 映射表，包括 I/O 地址和最大理论计数率等，确认即可，如图 2.38 所示。

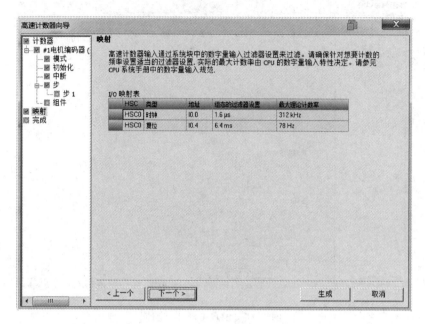

图 2.38　高速计数器的映射

（10）点击下一步，生成组件。

最后，完成向导设置并生成组件，如图 2.39 所示。

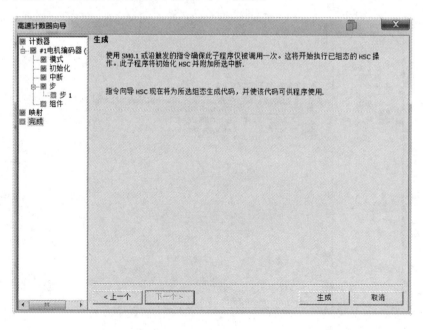

图 2.39　完成高速计数器向导

3. I/O 配置

根据案例要求与高速计数器向导的设置，配置 PLC 的输入输出点如表 2.15 所示。

表 2.15　案例 4 的 I/O 配置表

序号	I/O 地址	I/O 类型	说　明
1	I0.0	DI	编码器 Z 相
2	I0.4	DO	编码器复位按钮
3	I1.0	DI	电机启动按钮
4	I1.1	DI	电机停止按钮
5	Q0.0	DO	电机
6	Q0.1	DO	指示灯

4. 初始化高速计数器

通过向导，系统已经自动生成了高速计数器 HSC0 的初始化子程序，如图 2.40 所示。

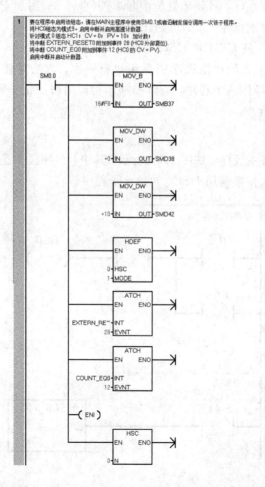

图 2.40　案例 4 高速计数器 HSC0 初始化子程序

一般来说，初始化 HSC0 的步骤如下：

（1）根据所需的控制操作加载 HSC0 的状态字节 SMB37。例如，SMB37 = 16#F8 产生如下结果：

① 启用计数器；

② 写入新当前值；

③ 写入新预设值；

④ 将方向设置为加计数；

⑤ 将复位输入设为高电平有效。

（2）用所需当前值加载 HSC0 的 CV 寄存器 SMD38（双字大小值，加载 0 可进行清除）。

（3）用所需预设值加载 HSC0 的 PV 寄存器 SMD42（双字大小值）。

（4）将 HSC 输入设"0"且 MODE 输入设为下列值之一后执行 HDEF 指令：

① 模式 0 表示无外部复位；

② 模式 1 表示有外部复位。（本案例采用模式 1）

（5）为捕获当前值等于预设值事件，将 CV=PV 中断事件（事件 12）附加于中断例程。

（6）为捕获外部复位事件，将外部复位中断事件（事件 28）附加于中断例程。

（7）执行全局中断启用指令（ENI）以启用中断。

（8）执行 HSC 指令，使 CPU 对 HSC0 编程。

说明：初始化子程序必须在主程序中调用执行一次，方法是使用首次扫描存储器位 SM0.1 执行一次初始化操作的子程序，后续扫描不再调用初始化子程序，可减少扫描执行时间并使程序结构更加合理。

5. 主程序设计

按照案例要求，设计主程序，如图 2.41 所示。其中，程序段 1 是启动－自锁－停止被控电机，程序段 2 是首次扫描调用 HSC0 初始化子程序。

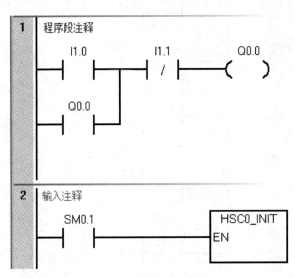

图 2.41 案例 4 主程序

6. CV＝PV 中断程序设计

按照案例要求,设计当编码器的实际旋转圈数达到预设值(本案例预设值＝10)时的中断程序,如图 2.42 所示。其中,左图是系统向导设置好之后自动生成的程序,右图是本案例根据要求编写的完整程序,增加了接通 Q0.1 指示灯的功能。

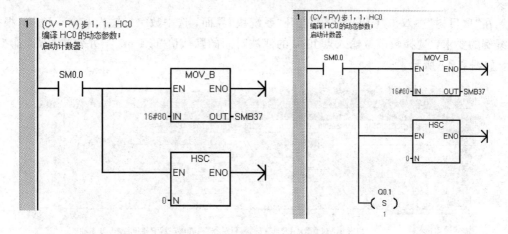

图 2.42 案例 4(CV＝PV)中断程序

7. 外部复位中断程序设计

本案例要求有编码器外部复位的功能,因此设计复位中断程序,可以通过一个按钮对编码器做复位处理,如图 2.43 所示。

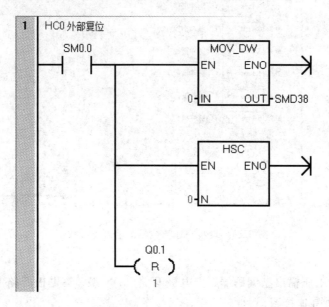

图 2.43 案例 4 复位中断程序

8. 高速计数器输入点的参数设置

在 SMART CPU 中,所有高速计数器输入均连接至内部输入滤波电路,使用高速计数

器之前，首先要确保对其输入进行正确滤波和接线。SMART CPU 的默认输入滤波设置为 6.4 ms，可检测到最大频率为 78 Hz 的输入信号，超过 78 Hz 的高频信号将无法被捕捉到。因此，如需以更高频率计数，必须更改滤波器设置，将滤波时间设置为更小。SMART CPU 可检测的最大频率是 200 kHz，因此滤波时间可在 1.6 μs、0.8 μs、0.4 μs 和 0.2 μs 之间选取。

在"项目树"中双击"CPU ST30"打开"系统块"界面，选中数字量输入 I0.0～I0.7，根据本案例的要求，选择数字量输入点 I0.0 的滤波时间的默认值"6.4 ms"，并勾选"脉冲捕捉"项，如图 2.44 所示。

图 2.44　设置高速计数器的输入点参数

9. 思考题

（1）分别设计电压输出型编码器、集电极开路 NPN 型、集电极开路 PNP 型三种编码器与 SMART 的电气连接图。

（2）给出高速计数器输入点滤波时间与最大计数频率之间的关系，并分析低频输入信号若采用了较小的滤波时间，结果会怎样？

2.4 本 章 习 题

1. 编写 PLC 梯形图程序来计算 $y = \sin 58° + \lg 31$。

2. 编写 PLC 梯形图程序实现故障报警，要求如下：当故障信号(I0.4)发生时，报警指示灯(Q0.0)以 2 Hz 的频率闪烁(1 s 亮、1 s 灭)，同时报警电铃(Q0.1)长通发出报警声。操作人员按下消铃按钮(I0.5)后，报警电铃关闭，同时报警指示灯从闪烁变为长亮。故障信号消失后，报警指示灯熄灭。

3. 某水池采用一台液位计(AIW0)测量实际液位，液位计的检测范围是 0～10 m，输送 4～20 mA 的电流信号。每 0.1 s 采样一次该液位计的当前值，利用每 5 个采样值计算出一次平均值，将计算得到的平均值与预设值相比较。污水泵(Q1.0)的启动、停止由液位平均值来控制。当实际液位低于 4 m 高度时，启动污水泵，使水位上升；升高到 6 m 高度时，停止污水泵。试着编写 PLC 梯形图程序实现上述功能并给出 AI 模块的组态。

4. 已知某重量传感器的量程为 0～10 kg，输出的模拟量信号为 4～20 mA。SMART 模拟量模块电流输入的计算公式为

$$y = (x - 5530) \times (20 - 4) \div (27648 - 5530) + 4$$

即 0 kg 对应输入电流 4 mA 运行(AI 转换为 5530)，20 kg 对应输入电流 20 mA(AI 转换为 27648)。试着编写重量传感器的采集与换算程序，并完成电气连接图。

5. 在某装配线传动带中，两台电机 A(Q1.0)、电机 B(Q1.1)分别控制两条传送带 1 和传送带 2 运行，要求：启动按钮(I0.3)按下后，电机 A 驱动传送带 1 正向运动直到电机 A 运转 20 圈，然后传动带 1 停止运行。5 min 后，电机 B 驱动传送带 2 正向运转 30 圈，之后停止运行。5 min 后，电机 A 继续运行，重复上述操作。按下停止按钮(I0.4)时，传动带全部停机。试着设计控制程序，并给出 I/O 配置表和硬件选型表。

第 3 章

PLC 的运动控制

┤3.1├─SMART 的运动控制功能

> **本节学习目标**
>
> (1) 了解 SMART 的类型与特点；
> (2) 熟悉 SMART 的参数与型号；
> (3) 了解 SMART 的开环运动控制功能。

PLC 作为通用型可编程控制器，既可以实现诸如全自动熄灯工厂流水线此类的过程控制功能，同时也能够满足雕刻机、数控机床等运动控制设备的需求，而且对于运动控制的支持程度越来越高，运动控制性能也越来越好。本节将以西门子 S7 – 200 SMART PLC 为例讲解 PLC 的运动控制基本功能。

Simatic S7 – 200 SMART PLC 是全新的针对经济型自动化市场的自动化控制产品，其高速处理芯片保证基本指令执行时间可低至 0.15 μs。作为 SMART 解决方案的核心，Simatic S7 – 200 SMART PLC 可无缝集成西门子 SMART LINE 操作屏和 Sinamics V20 变频器，为 OEM 客户提供高性价比的小型自动化解决方案，同时满足客户对人机界面、控制和传动的一站式需求。SMART 系列 PLC 如图 3.1 所示。

图 3.1 西门子 S7 – 200 SMART 系列 PLC

智能运动控制基础

70

SMART 系列 PLC 机型丰富、选件多样,配备了标准型和经济型 CPU 模块供用户选择,分别用于复杂和简单的工业领域。可扩展的标准型模块可处理更多 I/O 需求的复杂任务,最大可扩展到 188 点,可满足大部分小型自动化设备的控制需求。经济型 CPU 模块则直接通过单机本体满足控制需求。SMART 系列 PLC 的部分参数如图 3.2 所示。

型号	SR20	SR30	SR40	SR60	ST20	ST30	ST40	ST60
高速计数	6 路							
高速脉冲输出	—				2 路 100 kHz	3 路 100 kHz		
通信端口数量	2~4							
扩展模块数量	6							
扩展信号板数量	1							
最大开关量 I/O	216	226	236	256	216	226	236	256
最大模拟量 I/O	49							

图 3.2　西门子 S7 - 200 SMART 系列 PLC 的基本参数

从图 3.2 可知,针对运动控制,S7 - 200 SMART PLC 的晶体管输出类型 CPU 模块本体集成了最多 3 路的高速脉冲输出,频率高达 100 kHz,支持 PWM(Pulse Width Modify)/PTO(Pulse Train Output)输出方式以及多种运动模式,可自由设置运动包络。SMART 通过强大灵活的运动控制设置向导可组态为 PWM 输出或运动轴控制输出,为步进电机或伺服电机的速度和位置控制提供了统一的解决方案,可便捷地构建起多轴开环运动控制系统,如图 3.3 所示。

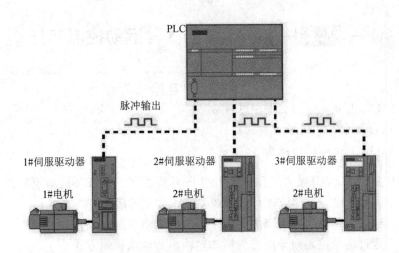

图 3.3　SMART 的多轴开环运动控制系统示意图

另外,S7 - 200 SMART PLC 的 CPU 模块本体集成了 1 个 PROFINET 接口和 1 个 RS485 接口,通过扩展 CM01 信号板或者 EM DP01 模块,其通信端口可最多增至 4 个,可满足小型自动化设备与触摸屏、变频器、伺服驱动器及第三方设备的通信需求。SMART SR/ST CPU 使用集成的 PROFINET 接口,可利用通信的方式控制伺服驱动器,进一步减少运控设备间的接线,缩短运控设备的响应时间,从而满足小型自动化运控设备的定位需求。同时，为了简化运控程序和编程步骤，Micro/Win SMART 软件集成了两组 SINAMICS库指令（SINAMICS_Control、SINAMICS_Parameter），轻松实现 PROFINET 控制伺服定位。S7 - 200 SMART 系列订货号如图 3.4 所示。

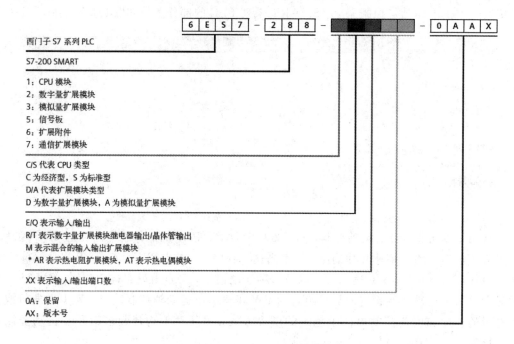

图 3.4　S7 - 200 SMART 系列订货号

┤3.2├──SMART 的 3 种运动控制方法

本节学习目标
（1）了解 SMART 开环运动控制的三种方法；
（2）掌握 PTO 和 PWM 的原理与区别；
（3）了解 SMART 运动轴的概念。

S7 - 200 SMART ST 系列晶体管输出型 PLC 提供了三种开环运动控制方法。

第一种：通过 PLS 指令组态为 PTO 或 PWM 输出的运动控制方式；

第二种：通过 PWM 向导组态为 PWM 输出的运动控制方式；

第三种：通过运动控制向导组态为运动轴输出的运动控制方式。

SMART CPU 本体集成的 3 个特殊数字量输出点（ST20 是 Q0.0 和 Q0.1，ST30、ST40 和 ST60 是 Q0.0、Q0.1 和 Q0.3，输出最高频率均为 100 kHz），通过以下 3 种组态方式为用户提供开环运动控制：

1. 脉冲串输出（PTO）

内置在 CPU 的速度和位置控制。CPU 产生一个占空比为 50％的脉冲串，如图 3.5 所示，用于对步进电机或伺服电机的速度和位置的开环控制。此功能仅提供脉冲串输出，方

智能运动控制基础

向和限值控制必须由应用程序使用 PLC 中集成的 I/O 或由扩展模块提供的 I/O 来提供。

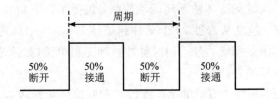

图 3.5 PTO 波形图

※ S7 - 200 SMART 的 PTO 有两种工作模式：

(1) 单段管线：利用 SM 寄存器设定 PTO 参数，CPU 每次输出一个脉冲串，支持队列。

(2) 多段管线：利用 V 存储区存放多个脉冲串参数，构成包络表，CPU 自动从包络表中读取多个脉冲串的参数并顺序发送多个脉冲串。

※ S7 - 200 SMART 的 PTO 输出范围如下：

(1) 脉冲：1～2147483647。

(2) 频率：1～100000 Hz(多段)或 1～65535 Hz(单段)。

2. 脉宽调制(PWM)

内置在 CPU 的速度、位置或负载循环控制。CPU 产生一个占空比可变、周期固定的脉冲输出，如图 3.6 所示。占空比(脉宽)的变化范围从 0%(无脉冲，始终为低电平)到 100%(无脉冲，始终为高电平)。

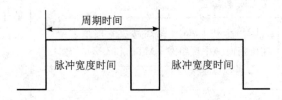

图 3.6 PWM 波形图

由于 PWM 输出可从 0%变化到 100%，因此在很多情况下，它可以提供一个类似于模拟量输出的数字量输出。例如，PWM 输出可用于电机从静止到全速的速度，或用于阀从关闭到全开的位置控制。组态为 PWM 输出时，CPU 输出的 PWM 周期是固定的，脉宽或脉冲占空比可通过程序进行控制，从而来控制电机等负载的转速或位置。

※ S7 - 200 SMART 的 PWM 脉冲输出范围如下：

(1) 周期：10～65535 μs 或者 2～65535 ms。

(2) 脉宽：0～65535 μs 或者 0～65535 ms(最低 4 μs，设置为 0 μs 等于禁止输出。)

3. 运动轴(Axis of Motion)

西门子 S7 - 200 SMART CPU 内置的"运动轴"，可以理解为封装好运动参数及运行规律的运动控制器，能够实现步进/伺服电机的速度、位置的开环运动控制。

SMART 提供了 3 个运动轴，每个运动轴只能控制一台步进/伺服电机，因此 SMART 支持同时控制 3 台步进/伺服电机。S7 - 200 SMART CPU 通过运动轴输出脉冲和方向信号到步进/伺服驱动器，驱动器再将从 CPU 输入的给定值进行处理，经过处理后将其输出到步进/伺服电机，控制电机加速、减速和移动到指定位置。

S7-200 SMART 同时支持 3 轴开环运动控制，包括了以下功能：

(1) 提供高速控制，速度从每秒 20 个脉冲到每秒 100 000 个脉冲。

(2) 提供可组态的测量系统，包括相对脉冲数和工程单位(如厘米、角度)。

(3) 提供可组态的反冲补偿。

(4) 支持绝对位置、相对位置、单速连续旋转和双速连续旋转 4 种运行模式。

(5) 支持脉冲＋方向、双向脉冲、A/B 正交相位和单相脉冲 4 种输出模式。

(6) 支持多达 32 个包络曲线，每个包络曲线多达 16 步。

(7) 支持 4 种参考点寻找模式，可对起始的寻找方向和最终的接近方向进行选择。

(8) 支持通过运动控制向导进行运动轴组态。

(9) 支持通过运动控制面板在线调试运动轴组态。

运动轴控制的输入及输出定义如表 3.1 所示。

表 3.1　运动轴控制的输入/输出定义表

类型	信号	描　　述	CPU 本体 I/O 分配		
输入	STP	STP 输入可让 CPU 停止脉冲输出，在位控向导中可选择所需的 STP 操作	在位控向导中可被组态为 I0.0～I0.7，I1.0～I1.3 中的任意一个，但是同一个输入点不能被重复定义		
	RPS	RPS(参考点)输入可为绝对运动操作建立参考点或零点位置			
	LMT＋	LMT＋和 LMT－是运动位置的最大限制，在位控向导中可组态 LMT＋和 LMT－输入			
	LMT－				
	ZP(HSC)	ZP(零脉冲)输入可建立参考点或零点位置。通常，电机驱动器/放大器在电机的每一转产生一个 ZP 脉冲	CPU 本体高速计数器输入可被组态为 ZP 输入： HSC0(I0.0) HSC1(I0.1) HSC2(I0.2) HSC3(I0.3)		
类型	信号	描述	Axis0	Axis1	Aixs2
输出	P0	P0 和 P1 是源型晶体管输出，用以控制电机的运动和方向	Q0.0	Q0.1	Q0.3
	P1		Q0.2	Q0.7/Q0.3*	Q1.0
	DIS	DIS 是一个源型输出，用以禁止或使能电机驱动器/放大器	Q0.4	Q0.5	Q0.6

＊ 如果 Axis1 组态为脉冲＋方向，则 P1 分配到 Q0.7。如果 Axis1 组态为双向输出或者 A/B 相输出，则 P1 被分配到 Q0.3，但此时 Axis2 将不能使用。

智能运动控制基础

本节学习目标

(1) 熟悉 SMART PTO/PWM 生成器的 SM 存储器；

(2) 掌握 SMART PLS 指令输出 PTO 控制的程序设计方法。

SMART 通过 PLS 脉冲输出指令编程控制高速输出点(Q0.0、Q0.1 和 Q0.3)，提供灵活的 PTO 脉冲串输出和 PWM 脉宽调制功能，用来控制步进电机或伺服电机。

SMART 系列 CPU 具有三个 PTO/PWM 生成器(PLS0、PLS1 和 PLS2)，用来产生高速脉冲串或脉宽调制波。PLS0 分配给了数字输出端 Q0.0，PLS1 分配给了数字输出端 Q0.1，PLS2 分配给了数字输出端 Q0.3。PTO/PWM 生成器和输出过程映像寄存器共同使用 Q0.0、Q0.1 和 Q0.3。若在 Q0.0、Q0.1 或 Q0.3 上激活了 PTO 或 PWM 功能，PTO/PWM 生成器将控制这些输出点，从而禁止它们作为普通输出点的正常使用，且输出波形不会受过程映像寄存器状态、输出点强制值或立即输出指令执行的影响。

3.3.1 PTO/PWM 的存储器单元

PLS 指令需要读取存储于指定 SM(Special Memory)存储单元的数据并相应地编程 PTO/PWM 生成器，然后执行 PLS 指令来输出 PTO 或者 PWM 波形。PLS 指令执行期间，也可通过修改 SM 存储单元并执行 PLS 指令，来改变 PTO 或者 PWM 波形的特性。

SMART 为每一个 PTO/PWM 生成器指定相应的唯一性的特殊存储器(SM)单元，用于存储每个 PTO/PWM 发生器的以下数据：1 个状态字节(8 位值)；1 个控制字节(8 位值)；1 个周期时间或频率(16 位无符号值)；1 个脉冲宽度值(16 位无符号值)；1 个脉冲计数值(32 位无符号值)。

指定的 SM 存储器定义及其功能如表 3.2～表 3.4 所示。

表 3.2　PTO/PWM 状态字节寄存器

Q0.0	Q0.1	Q0.3	状态字节说明
SM66.4	SM76.4	SM566.4	PTO 增量计算错误(因添加错误导致)：0＝无错误，1＝因错误而终止
SM66.5	SM76.5	SM566.5	PTO 包络被禁用(因用户指令导致)：0＝非手动禁用的包络，1＝用户禁用的包络
SM66.6	SM76.6	SM566.6	PTO/PWM 管线上溢/下溢：0＝无上溢/下溢，1＝上溢/下溢
SM66.7	SM76.7	SM566.7	PTO 空闲：0＝执行中，1＝PTO 空闲

表 3.3　PTO/PWM 控制字节寄存器

Q0.0	Q0.1	Q0.3	控制字节说明
SM67.0	SM77.0	SM567.0	PTO/PWM 更新频率/周期值：0＝不更新，1＝更新频率/周期值
SM67.1	SM77.1	SM567.1	PWM 更新脉冲宽度值：0＝不更新，1＝更新脉冲宽度值
SM67.2	SM77.2	SM567.2	PTO 更新脉冲数：0＝不更新，1＝更新脉冲数
SM67.3	SM77.3	SM567.3	PWM 时基选择：0＝1 μs(微秒)，1＝1 ms(毫秒)
SM67.4	SM77.4	SM567.4	保留
SM67.5	SM77.5	SM567.5	PTO 操作模式：0＝单段，1＝多段
SM67.6	SM77.6	SM567.6	PTO/PWM 模式选择：0＝PWM，1＝PTO
SM67.7	SM77.7	SM567.7	PWM 使能：0＝禁用 PWM，1＝启用 PWM

表 3.4　PTO/PWM 参数寄存器

Q0.0	Q0.1	Q0.3	参 数 说 明
SMW68	SMW78	SMW568	PTO 频率/PWM 周期值：1～65535Hz(PTO)，2～65535(PWM)
SMW70	SMW80	SMW570	PWM 脉冲宽度值：0～65535
SMD72	SMD82	SMD572	PTO 脉冲计数值：1～2147483647
SMW166	SMW176	SMW566	进行中段的编号：仅限多段 PTO 操作
SMW168	SMW178	SMW568	PTO 多段操作包络表的起始位置(相对 V0 的字节偏移)

　　PTO 的存储器单元在实际使用中，有以下一些需要关注的重点事项：

　　(1) SMB67(SMB67＝SM67.0－SM67.7)被指定用于控制 PTO0 或 PWM0，SMB77 被指定用于控制 PTO1 或 PWM1，SMB567 被指定用于控制 PTO2 或 PWM2，三者之间对的对应关系是固定的，不能混用。

　　(2) 编程时可参考表 3.5 来快速确定在 PTO/PWM 控制寄存器中放置什么值才能调用想要的操作。

　　(3) 状态字节中的 PTO 空闲位(SM66.7、SM76.7 或 SM566.7)可用来指示编程的脉冲串是否已结束。

表 3.5　PTO/PWM 控制字节取值快速参考表

寄存器设定值		X.7	X.6	X.5	X.4	X.3	X.2	X.1	X.0
16#	2#	启用	模式选择	PTO段操作	保留	时基	脉冲数	脉冲宽度	频率/周期
16#80	10000000	是	PWM			1 μs			
16#81	10000001	是	PWM			1 μs			更新
16#82	10000010	是	PWM			1 μs		更新	
16#83	10000011	是	PWM			1 μs		更新	更新
16#88	10001000	是	PWM			1 ms			
16#89	10001001	是	PWM			1 ms			更新
16#8A	10001010	是	PWM			1 ms		更新	
16#8B	10001011	是	PWM			1 ms		更新	更新
16#C0	11000000	是	PTO	单段					
16#C1	11000001	是	PTO	单段					更新
16#C4	11000100	是	PTO	单段			更新		
16#C5	11000101	是	PTO	单段			更新		更新
16#E0	11100000	是	PTO	多段					

（4）在脉冲串结束后可以调用中断程序。注意，在调用中断之前，必须指定中断事件和要在事件发生时执行的中断程序之间的关联，即使用中断连接指令将中断事件（由中断事件编号指定）与中断程序（由中断例程编号指定）相关联。SMART 提供了 3 个 PTO 中断事件，分别是：中断事件 19 对应 PTO0 脉冲计数完成，中断事件 20 对应 PTO1 脉冲计数完成，中断事件 34 对应 PTO2 脉冲计数完成。

可以将多个中断事件连接到一个中断例程，但不能将一个事件连接到多个中断例程。如果是使用单段操作，则在每个 PTO 结束时调用中断例程。例如，如果第二个 PTO 已装载到管道中，PTO 功能在第一个 PTO 结束时调用中断例程，然后在已装载到管道中第二个 PTO 结束时再次调用。若使用多段操作，PTO 功能在包络表完成时调用中断例程。

（5）任何时候都可向 PTO/PWM 控制字节（SM67.7、SM77.7 或 SM567.7）使能位写入"0"，然后执行 PLS 指令，来禁止生成 PTO 或 PWM 波形。输出点将立即恢复为过程映像寄存器控制。

3.3.2　PTO 的编程步骤

1. PTO 初始化

对于单段管线，可在主程序中利用 SM0.1 完成初始化，或者调用初始化子程序。初始化程序包括：

（1）设置 PTO/PWM 控制字节，如 16#C5；

（2）写入 PTO 频率值 ＝1（Hz）；

（3）写入脉冲串计数值 ＝0；

（4）连接中断事件和中断服务程序，允许中断（可选）；

（5）执行 PLS 指令。

PTO 初始化程序示例如图 3.7 所示。

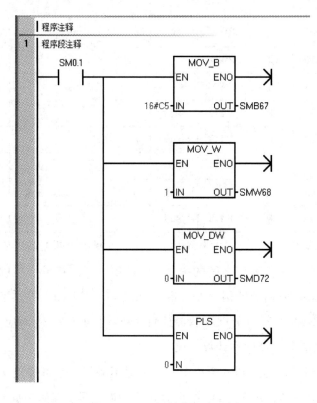

图 3.7　PTO 初始化程序示例

对于多段 PTO 操作，可在主程序中利用 SM0.1 完成初始化，或者调用初始化子程序。初始化程序包括：

（1）设置 PTO/PWM 控制字节，选择多段操作；

（2）写入包络表起始地址到相应的 SM 寄存器；

（3）连接中断事件和中断服务程序，允许中断（可选）；

（4）执行 PLC 指令。

智能运动控制基础

2. 执行 PTO 输出

PTO 初始化之后,可以在主程序或子程序或中断程序中执行 PTO 操作,输出需要的脉冲串,在脉冲串发送完成后,PTO 输出自动停止。PTO 输出程序包括:

(1) 设置 PTO/PWM 控制字节;

(2) 写入 PTO 频率值;

(3) 写入脉冲串计数值;

(4) 连接中断事件和中断服务程序,允许中断(可选);

(5) 执行 PLS 指令。

执行 PTO 输出程序示例如图 3.8 所示。

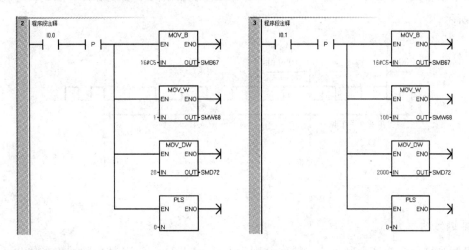

图 3.8　PTO 执行程序示例

3. 终止 PTO 输出

如果要在脉冲输出执行过程中终止 PTO 的输出,则进行如下操作:

(1) 设置 PTO/PWM 控制字节=0;

(2) 执行 PLS 指令。

终止 PTO 输出程序示例如图 3.9 所示。

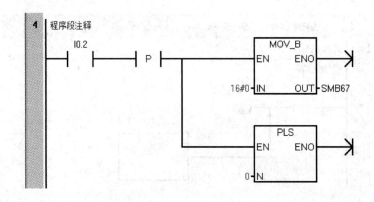

图 3.9　PTO 终止输出程序示例

3.3.3 PTO 运动控制应用案例

案例知识点

（1）单段管线 PTO 的程序设计方法。

（2）PTO 控制程序的结构与指令。

1. 案例要求

使用单段管线 PTO 方式，通过 Q0.0 编程实现连续输出两串控制脉冲，控制时序图如图 3.10 所示。

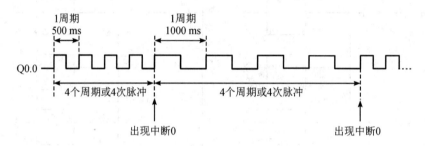

图 3.10 PTO 控制时序图

2. 案例分析

本案例要循环产生 2 个脉冲串，频率分别为 1 Hz 和 2 Hz，每次每个脉冲串各输出 4 个脉冲。根据时序图，首先在主程序中利用首次扫描调用 PTO 初始化子程序并复位脉冲输出寄存器。在初始化子程序中设置 PTO 参数并打开中断，在中断程序中切换脉冲周期并输出脉冲串。

3. 案例程序设计

（1）主程序如图 3.11 所示。

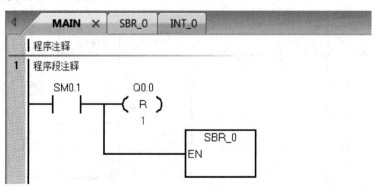

图 3.11 PTO 应用案例的主程序

(2) 初始化子程序如图 3.12 所示。

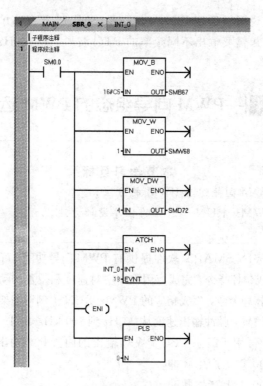

图 3.12 PTO 应用案例的初始化子程序

(3) 中断程序如图 3.13 所示。

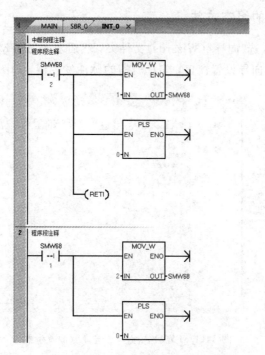

图 3.13 PTO 应用案例的中断子程序

4. 思考题

请分析解读程序，说明对于 SMB67、SMD68、SMD72 等存储单元的设定值都是什么目的？起到什么作用？如果需要输出不同频率的 PTO 波形，如 10 Hz 和 20 Hz 两个脉冲串，需要如何修改程序？

─┤3.4├─PWM 向导组态的 PWM 运动控制

本节学习目标

（1）熟悉 SMART PWM 向导组态 PWM 的方法；

（2）掌握 SMART PWMx_RUN 子例程的程序设计方法。

STEP 7 - Micro/WIN SMART 软件提供有 PWM 向导功能，可以轻松快捷地完成 PWM 的组态。该向导可以生成位控指令，完成应用程序中对速度和位置的动态控制。PWM 向导设置根据用户选择的 PWM 脉冲个数，生成相应的 PWMx_RUN 子例程框架用于编辑。PWM 向导最多提供 3 轴脉冲输出的设置，脉冲输出速度从 20 Hz 到 100 kHz 可调。

SMART 共有三种可用于组态 CPU PWM 输出的内置脉冲输出发生器：

PWM0：用于在 Q0.0 上产生脉冲。

PWM1：用于在 Q0.1 上产生脉冲。

PWM2：用于在 Q0.3 上产生脉冲。

3.4.1 PWM 向导的组态方法

（1）在项目树中点选"向导"（Wizards）文件夹，然后双击"PWM"，或选中"PWM"并按 Enter 键，打开 PWM 向导设置窗口，勾选所需的脉冲发生器，如图 3.14 所示。

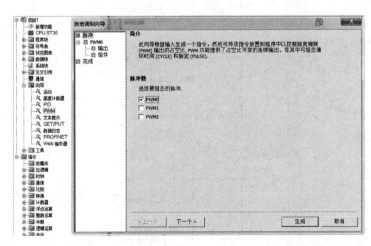

图 3.14　PWM 向导——选择脉冲发生器

（2）为选中的脉冲发生器命名，如图 3.15 所示。

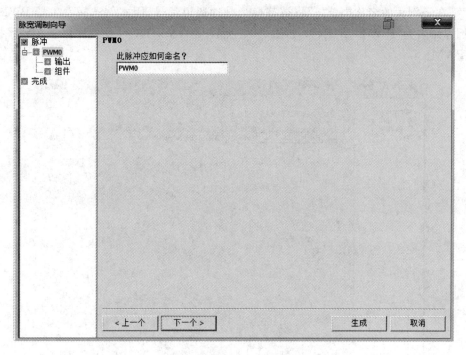

图 3.15　PWM 向导——为脉冲发生器命名

（3）选择用于 PWM 通道操作的周期时间的时基（有毫秒和微秒两种时基可选），如图 3.16 所示。

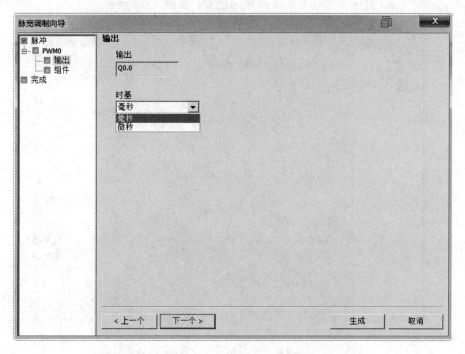

图 3.16　PWM 向导——选择组态脉冲发生器的时基

（4）对话框显示为执行 PWM 操作而创建的子例程，这里只创建一个子例程"PWMx_RUN"。在子例程的名称中，"x"将被替换为脉冲通道编号，因本例选择发生器 PWM0，因此子例程命名为"PWM0_RUN"，如图 3.17 所示。PWMx_RUN 子例程用于在程序控制下执行 PWM。

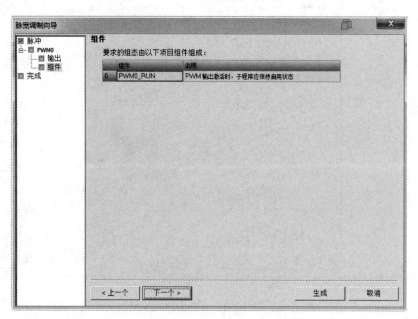

图 3.17　PWM 向导——生成的发生器子例程

（5）点击"生成"按钮，完成 PWM 向导的设置，如图 3.18 所示。

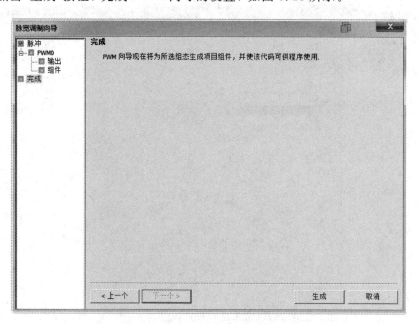

图 3.18　PWM 向导——设置完成

84

（6）完成向导设置后，在主程序中可以通过"项目树"调用向导生成的"PWM0_RUN"子例程，如图 3.19 所示。

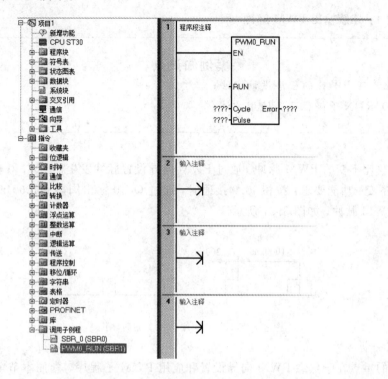

图 3.19　调用 PWM 子例程

3.4.2　PWM0_RUN 子例程

"PWM0_RUN"子例程的参数及其使用说明如图 3.20 所示。

LAD/FBD	STL	说　明
PWM0_RUN EN RUN Cycle　Error Pulse	CALL PWMx_RUN, Cycle, Pulse, Error	PWMx_RUN 子例程允许您通过改变脉冲宽度（从 0 到周期时间的脉冲宽度）来控制输出占空比。

PWMx_RUN 子例程的参数		
输入/输出	数据类型	操作数
Cycle、Pulse	字	IW、QW、VW、MW、SMW、SW、T、C、LW、AC、AIW、*VD、*AC、*LD、常数
Error	字节	IB、QB、VB、MBV、SMB、LB、AC、*VD、*AC、*LD、常数

Cycle 输入是一个字值，定义脉宽调制（PWM）输出的周期。时基为毫秒时，允许范围为 2 ～ 65535；时基为微秒时是 10 ～ 65535。
Pulse 输入是一个字值，用于定义 PWM 输出的脉宽（占空比）。允许的取值范围为 0 ～ 65535 个时基单元，时基是在向导中指定的，单位为微秒或毫秒。
Error 是 PWMx_RUN 子例程返回的字节值，用于指示执行结果。有关可能的错误代码的描述，请参见下表。

PWMx_RUN 指令错误代码	
错误代码	说　明
0	无错误，正常完成
131	脉冲生成器已被另一个 PWM 或运动轴占用，或者时基更改无效

图 3.20　PWM 子例程的参数与说明

3.4.3 PWM运动控制应用案例

1. 案例1：连续输出PWM脉冲

<table>
<tr><td>

案例知识点

(1) 占空比不变PWM的程序设计方法；
(2) PWM0_RUN子例程及其使用方法。
</td></tr>
</table>

1）案例要求

输出占空比不变的PWM脉冲。通过PWM向导设置脉冲发生器PWM0输出PWM脉冲，占空比不变。功能要求：按钮I0.0接通时，通过Q0.0输出周期＝1000 ms、占空比＝200 ms的PWM脉冲，如图3.21所示。

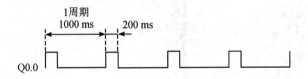

图3.21　PWM应用案例1的时序图

2）案例分析

本案例的重点在于熟悉PWM向导设置和应用PWM子程序，参照本节前述部分的说明进行向导配置并编写"PWM0_RUN"子例程即可。

3）程序设计

本案例的参考程序如图3.22所示。

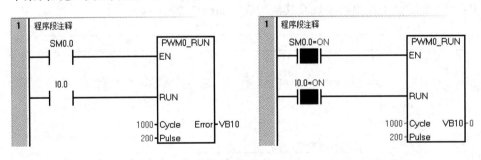

图3.22　PWM应用案例1的程序及其在线监控

2. 案例2：用电位器调节PWM输出脉冲的占空比

<table>
<tr><td>

案例知识点

(1) 占空比可调节PWM的程序设计方法；
(2) PLC的四则运算指令；
(3) PLC模拟量输入的坐标单位转换。
</td></tr>
</table>

1) 案例要求

通过 PWM 向导设置脉冲发生器 PWM0 输出 PWM 脉冲，通过电位器手动调节占空比。功能要求：按钮 I0.0 接通时，通过 Q0.0 输出周期＝1000 ms、占空比可调的 PWM 脉冲；外接电位器输入电压为 0～10 V，用以调节占空比。

2) 案例分析

本案例的重点在于占空比的调节，首先要采集 AI 输入值(0～10 V 对应 0～27648)，然后通过计算将其转变为占空比数值(0～1000)。

3) 程序设计

本案例的参考程序如图 3.23、3.24 所示。

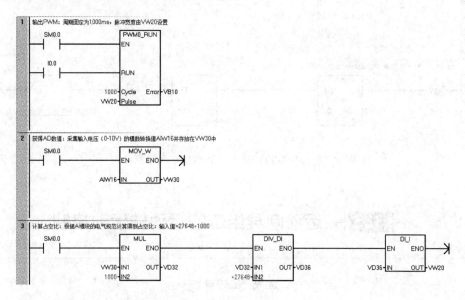

图 3.23　PWM 应用案例 2 的程序

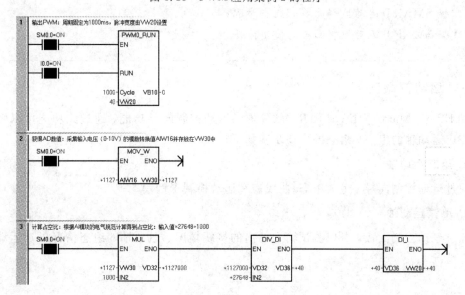

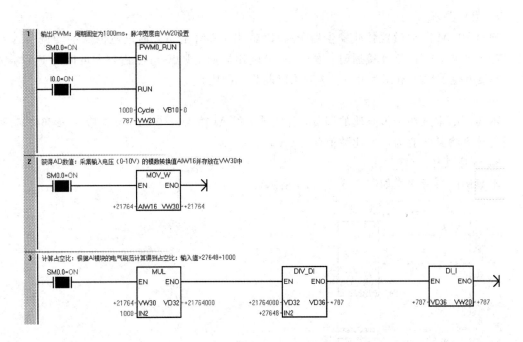

图 3.24　PWM 应用案例 2 的程序在线监控示例

3.5　运动向导组态的运动轴运动控制

本节学习目标

（1）了解 SMART 运动轴组态运控的方法；

（2）掌握 SMART 运动控制向导的组态步骤；

（3）掌握 SMART 运动控制面板的使用方法。

3.5.1　运动控制向导

STEP 7 – Micro/WIN SMART 软件提供运动控制向导功能，通过此功能可以轻松快捷地完成运动轴的组态，组态的主要步骤如下。

1. 组态运动轴

通过运动控制向导，生成组态/曲线表和运动控制子例程。

2. 测试运动轴

通过运动控制面板，可以测试输入输出的接线情况、运动轴的组态情况以及运动曲线的运行情况。

智能运动控制基础

3. 创建用户程序

通过运动控制向导自动生成运动控制子例程后，将它们正确地运用在程序中。

(1) 使能运动轴：在程序中调用 AXISx_CTRL 子例程。用 SM0.0（始终接通）作为 AXISx_CTRL 子例程的 EN 信号，以确保在每一个循环周期中都执行 AXISx_CTRL 子例程。

(2) 将电机移动到指定位置：使用一条 AXISx_GOTO 子例程或一条 AXISx_RUN 子例程。AXISx_GOTO 指令使电机运动到程序中输入的指定位置。AXISx_RUN 指令则使电机按照运动控制向导中所组态的路线运动。

(3) 使用绝对坐标进行运动：使用一条 AXISx_RSEEK 或一条 AXISx_LDPOS 指令建立零位置。

(4) 根据需要灵活选择向导生成的其他子例程。

4. 编译下载

编译程序将系统块、数据块和程序块下载到 S7 – 200 SMART CPU 中。

要打开运动控制向导，使用以下方法之一即可：

(1) 在"工具"(Tools)菜单功能区的"向导"(Wizards)区域单击"运动"(Motion)按钮，如图 3.25 所示。

(2) 在项目树中打开"向导"(Wizards)文件夹，然后双击"运动"(Motion)，如图 3.25 所示。

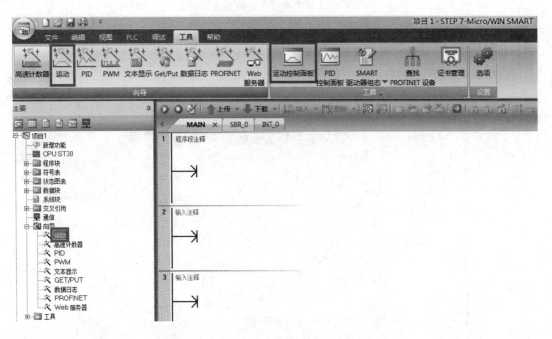

图 3.25　在 SMART 软件中打开运动控制向导的途径

3.5.2　运动控制向导的组态步骤

打开运动控制向导之后，左侧的树状分支结构如图 3.26 所示。

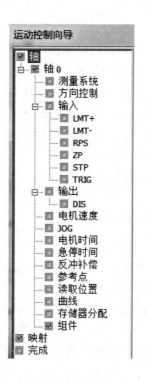

图 3.26 运动控制向导组态步骤列表

组态开环运动控制的步骤如下。

1. 选择组态轴数

在如图 3.27 所示的对话框中选择要组态的运动轴。

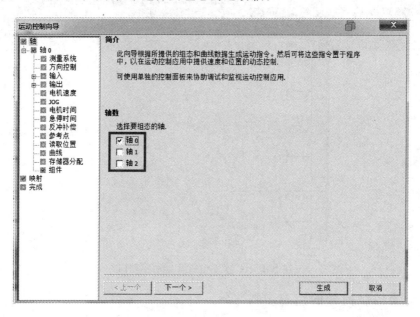

图 3.27 运动控制向导——选择组态轴

需要注意的是，虽然可为继电器输出 CPU 组态运动轴，但在高速情况下使用开关继电器并不实际。使用运动控制时必须使用晶体管输出 CPU。

2. 命名轴名称

如图 3.28 所示的对话框中命名轴名称。默认名称为"轴 x"，其中"x"等于轴编号。

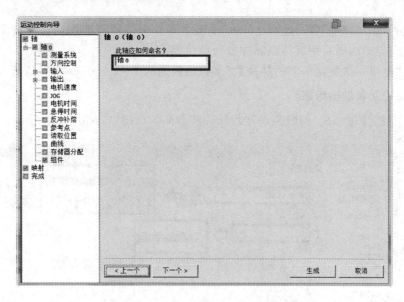

图 3.28　运动控制向导——命名轴名称

3. 选择测量系统

选择要在整个向导中控制轴运动的测量系统。可以选择以下测量单位之一："工程单位"（Engineering units）或者"相对脉冲"（Relative pulses），如图 3.29 所示。

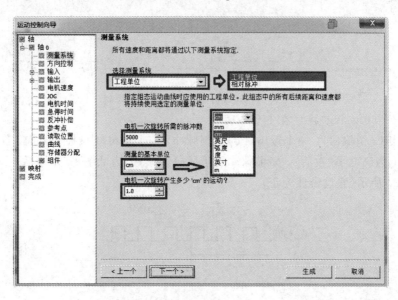

图 3.29　运动控制向导——选择测量系统

（1）选择"工程单位"（Engineering units）：必须组态参数"电机一次旋转所需的脉冲数"（参见电机或驱动器的数据表）、参数"测量的基本单位"（如英寸、英尺、毫米或厘米）、参数"电机一次旋转产生多少´xx´的运动？"（xx是指测量的基本单位）。整个向导中的所有速度均以每秒"测量的基本单位"为单位表示。整个向导中的所有距离均以"测量的基本单位"为单位表示。

（2）选择"相对脉冲"（Relative pulses）：整个向导中的所有速度均以脉冲数/秒为单位表示，整个向导中的所有距离均以脉冲数为单位表示。

说明："电机一次旋转所需的脉冲数"参数的范围为 1～2 000 000，默认值为 5000。

4. 方向控制和输出组态

在此可组态步进电机/伺服驱动器的脉冲和方向输出接口，如图 3.30 所示。

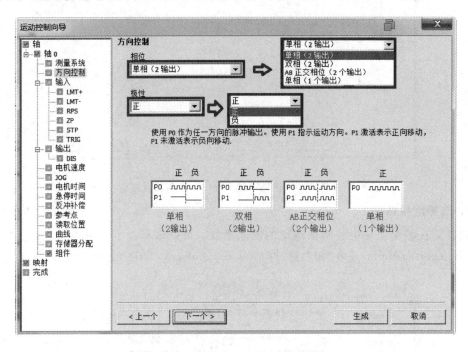

图 3.30　运动控制向导——方向控制

1）"相位"（Phasing）接口有 4 个选项

（1）单相（2 个输出）：一个输出（P0）控制脉冲，一个输出（P1）控制方向。如果脉冲处于正向，则 P1 为高电平（激活）。如果脉冲处于反向，则 P1 为低电平（未激活）。单相（2 个输出）如图 3.31 所示（假设极性为正）。

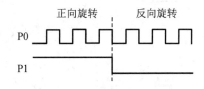

图 3.31　单相（2 个输出）相位图

（2）双相（2个输出）：一个输出（P0）脉冲针对正向，另一个输出（P1）脉冲针对反向。双相（2个输出）如图所示（假设极性为正）。

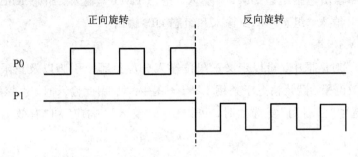

图 3.32　双相（2个输出）相位图

（3）AB 正交相位（2个输出）：两个输出均以指定速度产生脉冲，但相位相差 90°。AB 正交相位（2个输出）为 1X 组态，表示 1 个脉冲是每个输入的正跳变之间的时间量。这种情况下，方向由先变为高电平的输出跳变决定，即 P0 领先 P1 表示正向，P1 领先 P0 表示反向。AB 正交相位（2个输出）如图 3.33 所示（假设极性为正）。

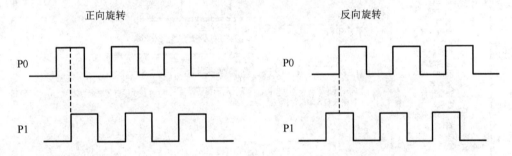

图 3.33　AB 正交相位（2个输出）相位图

（4）单相（1个输出）：输出（P0）控制脉冲。在此模式下，CPU 仅接受正向运动命令，运动控制向导限制进行非法反向组态。单相（1个输出）如下图所示（假设极性为正）。

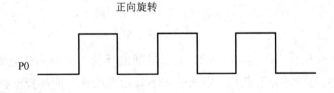

图 3.34　单相（1个输出）相位图

2）"极性"（Polarity）参数切换电机的旋转方向

如果电机接线方向错误，则通常需要切换电极。为了避免改动硬件接线，运动控制向导提供了此项参数。可以通过将"极性"参数设置为"负"来修改电机的极性，从而避免对硬件进行重新接线。在单相（1个输出）相位模式下，运动控制向导不允许负极存在。

5. 组态输入和输出引脚分配

组态输入和输出包括组态 LMT＋输入、组态 LMT－输入、组态 RPS 输入、组态 ZP 输入、组态 STP 输入、组态 TRIG 输入和组态 DIS 输出。

1) 组态 LMT＋输入

在"LMT＋"对话框中，可以定义正限位输入分配给哪个引脚以及正限位输入的特性，包括响应和有效电平。默认情况下禁用 LMT＋ 输入。禁用此输入时，也禁用该页面上的所有其它参数。选中"已启用"复选框时，可以访问"输入""响应"和"有效电平"参数，如图 3.35 所示。

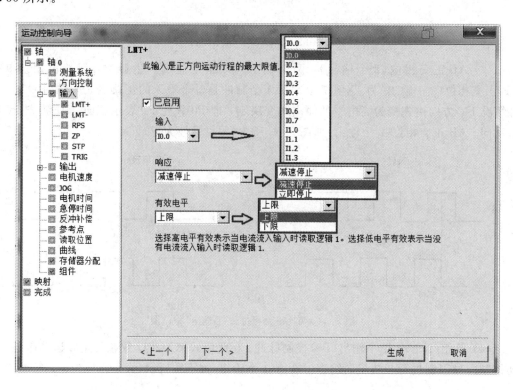

图 3.35　运动控制向导——正方向限位 LMT＋

（1）输入。

可将 LMT＋分配给 CPU 从 I0.0 到 I1.3 之间的任何一个输入点，如果输入点已经被运动控制向导中的另一功能所使用，则该输入不显示在此输入的选择下拉列表中。

（2）响应。

指定 LMT＋输入激活时的动作，默认设置是"减速停止"，也可以选择"立即停止"。

（3）有效电平。

指定 LMT＋ 输入的有效电平。默认设置是高电平，即有电流流入输入时读取逻辑 1。如果设为低电平，没有电流流入输入时读取逻辑 1。逻辑 1 电平解释为已达到正方向最大限值。

2）组态 LMT－输入

在"LMT－"对话框中，可以定义负限位输入分配给哪个引脚以及负限位输入的特性，包括"响应"和"有效电平"。默认情况下禁用 LMT－输入。禁用此输入时，也禁用该页面上的所有其它参数。选中"已启用"复选框时，可以访问"输入""响应"和"有效电平"参数，如图 3.36 所示。

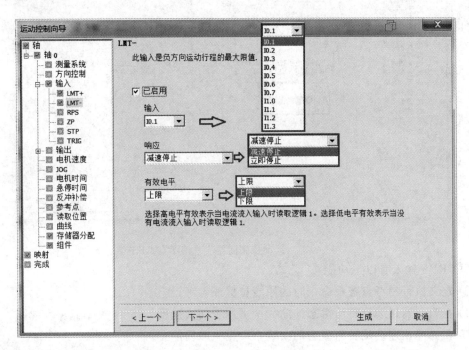

图 3.36　运动控制向导——负方向限位 LMT－

（1）输入。

可将 LMT－分配给 CPU 从 I0.0 到 I1.3 之间的任何一个输入点，如果输入点已经被运动控制向导中的另一功能所使用，则该输入不显示在此输入的选择下拉列表中。

（2）响应。

指定 LMT－输入激活时的动作，默认设置是"减速停止"，也可以选择"立即停止"。

（3）有效电平。

指定 LMT－输入的有效电平。默认设置是高电平，即有电流流入输入时读取逻辑 1。如果设为低电平，没有电流流入输入时读取逻辑 1。逻辑 1 电平解释为已达到负方向最大限值。

3）组态 RPS 输入

在"RPS"对话框中，可以定义参考点的输入分配引脚以及 RPS 输入的特性，包括"响应"和"有效电平"。默认情况下禁用 RPS 输入，也禁用该页面上的所有其它参数。选中"已启用"复选框时，可以访问"输入"和"有效电平"参数，如图 3.37 所示。

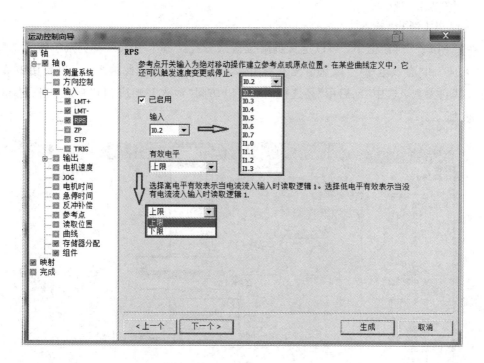

图 3.37 运动控制向导——参考点 RPS

（1）RPS 输入有以下功能：

① 定义执行参考点查找命令时的原点位置或参考点。

② 在为双速连续旋转而组态的曲线中可用于切换速度。

③ 在为单速连续旋转而组态的曲线中可提供触发停止。

（2）组态 RPS 输入。

① 输入。

可将 RPS 分配给 CPU 上从 I0.0 到 I1.3 之间的任何一个输入，如果输入点已经被运动控制向导中的另一功能所使用，则该输入不显示在此输入的选择下拉列表中。

② 有效电平。

可指定 RPS 输入的有效电平。默认设置是高电平，即有电流流入输入时读取逻辑 1。如果设为低电平，没有电流流入输入时读取逻辑 1。逻辑 1 电平解释为已达到参考点或原点位置。

4）组态 ZP 输入

在"ZP"对话框中，可定义 ZP 输入分配给哪个 HSC 和输入引脚。通常，每转一圈，电机驱动器/放大器就会产生一个 ZP 脉冲。因此，零脉冲（ZP）输入有助于建立参考点查找（RPS）命令所用的参考点或原点位置。默认情况下禁用 ZP 输入，也禁用该页面上的所有其它参数。选中"已启用"复选框时，可以访问"输入"参数如图 3.38 所示。

输入：

可将 ZP 输入分配给 CPU 上从 HSC0 到 HSC5 的任何一个 HSC，输入点对应于 HSC 通道的第一个输入。如果选中的输入点已经被用于另一个功能，则 HSC 通道在下拉列表中不可用。如果选择 HSC 通道，相应输入点就不再是其他输入功能的选项。

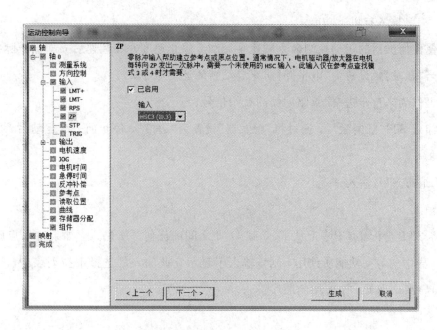

图 3.38　运动控制向导——零脉冲 ZP

5) 组态 STP 输入

在"STP"对话框中，可以定义停止输入的引脚以及停止输入的特性。默认禁用 STP 输入，从而也会禁用 STP 对话框上的所有其他参数。选中"已启用"复选框时，可以访问"输入"、"响应"、"触发器"和"电平"参数，如图 3.39 所示。

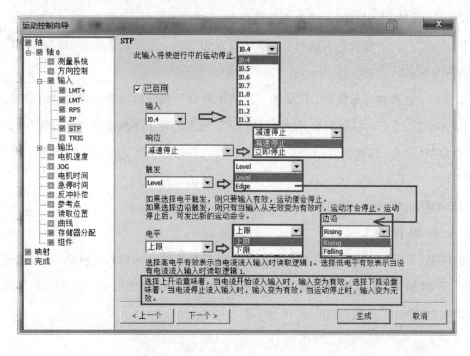

图 3.39　运动控制向导——停止 STP

（1）STP 输入有以下功能：

① 使任何激活的运动控制命令减速至启动－停止速度并在减速后立即停止脉冲。

② 当"触发器"设置为"电平"时防止启动新的运动命令。

③ 可作为来自步进/伺服驱动器的就绪信号。

④ 如果 STP 已经激活，通过将"触发器"设置为"边沿"，停止前一个运动后，可以启动新的运动。

（2）组态 STP 输入。

① 输入。

可将 STP 分配给 CPU 上从 I0.0 到 I1.3 之间的任何一个输入，如果输入点已经被运动控制向导中的另一功能所使用，则该输入不显示在此输入的选择下拉列表中。当启用输入时，向导默认为下一个可用的顺序输入。

② 响应。

指定 STP 输入激活时的动作，默认设置是"减速停止"，也可以选择"立即停止"。

③ 触发器。

指定 STP 输入的触发器。默认设置为"电平"，有以下两个选项：

a. 电平：选择电平触发器，每当输入激活时运动都会停止。电平触发器设置阻止启动任何新的运动，直到 STP 输入变为未激活状态。当将"触发器"设置为"电平"时可见。在此参数中，可指定 STP 输入的有效状态。默认设置为"高"，也可以选择为"低"。逻辑 1 表示轴已到达停止点。

b. 边沿：选择边沿触发器，仅当输入从非激活变为激活时运动才停止。边沿触发设置允许前一个运动停止后启动新的运动，即使 STP 输入仍处于非激活状态。当将"触发器"设置为"边沿"时可见。在此参数中，可指定 STP 输入的边沿。默认设置为"上升"，也可以选择为"下降"。

当运动停止时，输入变为非激活状态，轴可以开始另一运动。

6）组态 TRIG 输入

在 TRIG 对话框中，可以定义触发输入点以及触发输入的特性，包括"有效电平"。默认禁用 TRIG 输入，也禁用该页面上的所有其它参数。选中"已启用"复选框时，可以访问"输入"和"有效电平"参数，如图 3.40 所示。

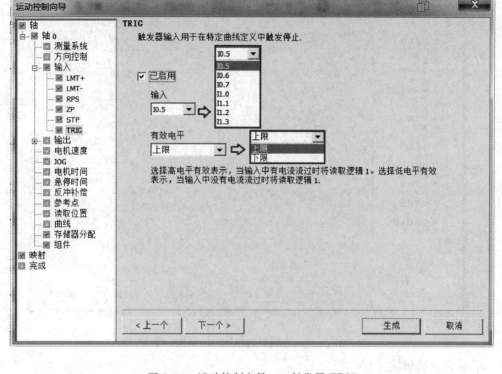

图 3.40　运动控制向导——触发器 TRIG

(1) TRIG 输入有以下功能：

① 在特定的曲线定义中，使任何激活的运动控制命令减速至启动-停止速度并停止脉冲。

② 如果激活，则无法启动新运动控制命令。

③ 可用作来自步进电机/伺服驱动器的就绪信号。

(2) 组态 TRIG 输入。

① 输入：可将 TRIG 分配给 CPU 上从 I0.0 到 I1.3 之间的任何一个输入，如果输入点已经被运动控制向导中的另一功能所使用，则该输入不显示在此输入的选择下拉列表中。当启用输入时，向导默认为下一个可用的顺序输入。

② 有效电平：可分配 TRIG 输入的有效电平。默认设置是高电平，即有电流流入输入时读取逻辑 1。如果设为低电平，没有电流流入输入时读取逻辑 1。逻辑 1 电平解释为已达到触发点。

7）组态 DIS 输出

在"DIS"对话框中，可以定义 DIS 输出是否可用。使用 DIS 输出禁用或启用电机驱动器/放大器。默认禁用 DIS 输出。选择"启用"复选框后，可以在程序中使用"输出"字段中的地址作为 DIS 输出。不能更改 DIS 输出的地址。每个轴均具备一个针对 DIS 输出的特定输出点：轴 0 对应 Q0.4、轴 1 对应 Q0.5、轴 2 对应 Q0.6，如图 3.41 所示。

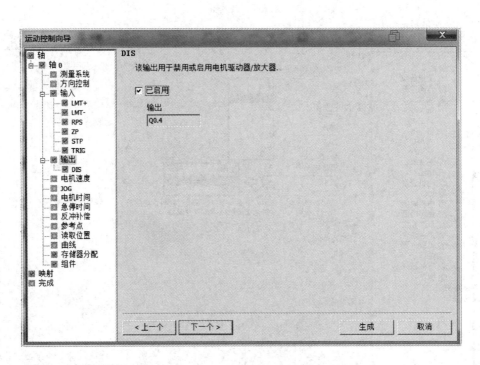

图 3.41　运动控制向导——禁用 DIS

6．指定电机速度

在"电机速度"对话框中，可以定义应用的最大速度和启动/停止速度，同时根据设定值显示出最小速度，如图 3.42 所示。

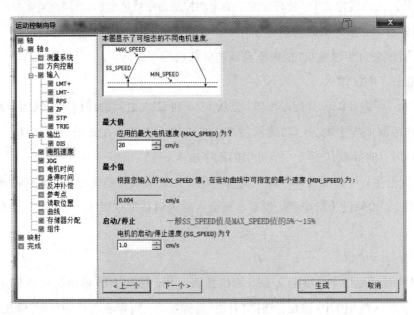

图 3.42　运动控制向导——电机速度

1）电机扭矩/速度的关系

对于电机和给定负载，有不同的方式指定 SS_SPEED（电机启动/停止速度）。通常，SS_SPEED值是 MAX_SPEED（最大电机速度）值的 5％～15％，且 SS_SPEED 数值必须大于 MAX_SPEED 规格中显示的最低速度。典型的电机扭矩/速度曲线如图 3.43 所示。

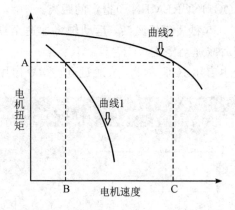

图 3.43　典型的电机扭矩/速度曲线

由图 3.43 可知：

（1）曲线 1 是电机的启动/停止速度与扭矩特性曲线，随着负载惯性增加向较低速度移动。

（2）曲线 2 是电机扭矩与速度特性曲线。

（3）A 点是驱动负载所需的电机扭矩值。

（4）B 点是当前负载的电机启动/停止速度（SS_SPEED）。

（5）C 点是电机可驱动负载的最大速度，MAX_SPEED 不应超过此值。

2）最大电机速度

在电机扭矩能力范围内，输入应用中最佳操作速度的 MAX_SPEED 值。驱动负载所需的扭矩由摩擦力、惯性以及加速/减速时间决定。取值范围是 20 个脉冲/秒至 100000 个脉冲/秒（由 CPU 型号决定）或相应的工程单位。默认值为 100000 个脉冲/秒或 20.00 工程单位。

根据本次运动控制向导在"测量系统"对话框（图 2.72）中的设定值：1 cm/5000 个脉冲/转，经过换算得到最大电机速度：20.0 cm/s。

运动控制向导根据指定的 MAX_SPEED 值计算和显示运动轴可以控制的最低速度（MIN_SPEED），不可更改。

3）启动/停止速度

在电机能力范围内输入一个电机启动/停止速度（SS_SPEED）值，以便以较低的速度驱动负载。参数范围是 20 脉冲/秒至最大速度，默认值为 0.2 工程单位或 1000 个脉冲/秒。

（1）如果 SS_SPEED 值过低，电机和负载在运动的开始和结束时可能会摇摆或颤动。

（2）如果 SS_SPEED 值过高，电机可能在启动时丧失脉冲，在尝试停止时负载可能过度驱动电机。

本向导中，根据最大电机速度值的 5％，SS_SPEED 取值为 1.0 cm/s。

7. 设置 JOG（点动）参数

点动"JOG"可将电机通过手动方式移至所需位置，一般用于手动调试。运动轴接收到 JOG 命令后，将启动定时器。

（1）如果 JOG 命令在 0.5 秒以内结束，运动轴将以点动速度（JOG_SPEED）定义的速度将电机移动点动增量（JOG_INCREMENT）指定的距离。

（2）如果 JOG 命令在 0.5 秒后仍然激活，运动轴将加速至点动速度，继续移动，直至 JOG 命令终止。运动轴随后减速至停止。

可以在运动控制面板中启用 JOG 命令，或通过运动指令启用之，如图 3.44 所示。

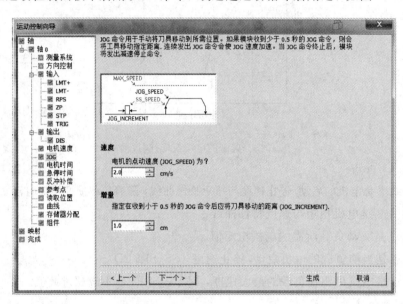

图 3.44　运动控制向导——点动 JOG

（1）速度：电机的点动速度是 JOG 命令仍然有效时所能实现的最大速度。JOG_SPEED 参数受限于最低和最高速度。默认值为 0.20 工程单位或 200 个脉冲/秒。

（2）增量：增量是瞬时 JOG 命令将电机移动的距离。默认值为 1.00 工程单位或 100 个脉冲/秒。

8. 设置加速和减速时间

在"电机时间"对话框中，可为应用指定加速率和减速率，如图 3.45 所示。

（1）加速：是电机从 SS_SPEED 加速到 MAX_SPEED 所需的时间，以毫秒为单位。默认值为 1000 ms。

（2）减速：是电机从 MAX_SPEED 减速到 SS_SPEED 所需的时间，以毫秒为单位。默认值为 1000 ms。

（3）电机的加速和减速时间要经过测试来确定。首先使用运动控制向导输入一个较大的值，可以在运动控制面板上根据需要调整值，然后逐渐减小这个时间值，直到电机开始失速，此时的数值即可作为加减速时间。

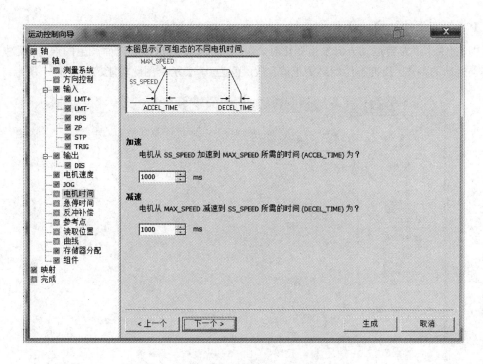

图 3.45 运动控制向导——加减速时间

9. 设置急停时间

急停补偿提供较平稳的位置控制,方法是减少移动包络的加速和减速部分中的急停(速率变化)。减少急停可改善位置追踪性能。急停补偿又称作 S 曲线成型。急停补偿仅适用于简单的一步包络,如图 3.46 所示。

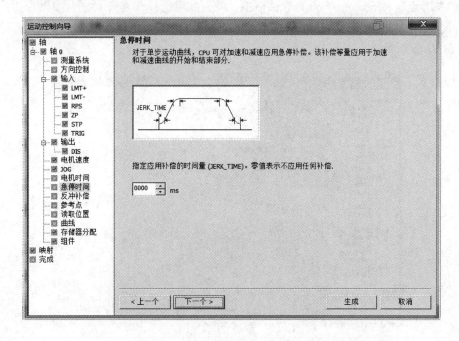

图 3.46 运动控制向导——急停时间

10. 组态反冲补偿

"反冲补偿"为当运动方向发生变化时，为消除系统中因机械磨损而产生的误差（反冲），电机必须运动的距离。反冲补偿始终为正值。默认值为 0，表示禁用此功能，如图 3.47 所示。

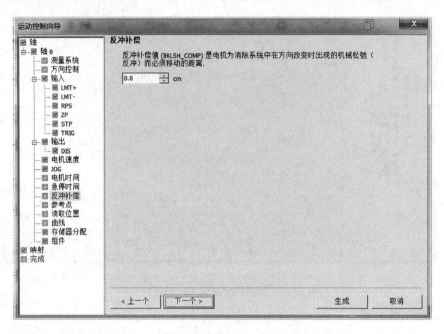

图 3.47　运动控制向导——反冲补偿

11. 组态参考点(RP)

在"参考点"(Reference Point)对话框中，可为应用选择参考点功能。如果启用参考点，则在树视图中的"参考点"(Reference Point)节点下多出三个节点：查找、偏移量、搜索顺序，如图 3.48 所示。

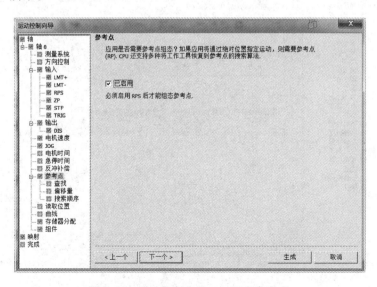

图 3.48　运动控制向导——组态参考点

12. 组态参考点(RP)查找

组态参考点查找如图 3.49 所示。

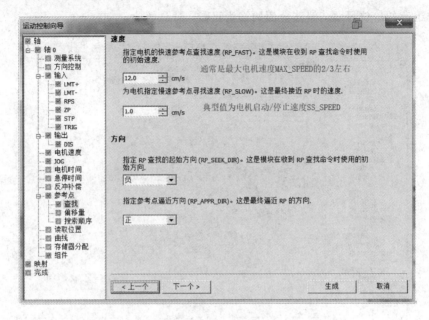

图 3.49　运动控制向导——组态参考点查找

(1) 快速参考点查找速度：

快速寻找速度是模块执行 RP 寻找命令的初始速度，在参考点开关(RPS)区域外使用，以便尽快查找 RPS 区域。默认值为 1.00 或 100，取决于在"测量系统"对话框中组态的单位。

通常，快速参考点查找速度是最大电机速度 MAX_SPEED 的 2/3 左右，上、下限分别为最大和最小速度。

(2) 慢速参考点查找速度：

慢速寻找速度是接近 RP 的最终速度，通常使用一个较慢的速度去接近 RP，以免错过慢速寻找速度。默认值为 1.00 或 100，取决于在"测量系统"对话框中组态的单位。

慢速参考点查找速度的典型值为电机启动/停止速度 SS_SPEED，上、下限为最小和最大速度。

(3) 起始方向：

起始方向是 RP 查找操作的初始方向。通常，这个方向是从工作区到 RP 附近。限位开关在确定 RP 的搜索区域时起着至关重要的作用。当执行 RP 搜索操作时，遇到限位开关会引起方向反转，使搜索能够继续下去。默认为负向。

(4) 逼近方向：

参考点逼近方向是为了减小反冲和提供更高的精度，应该按照从 RP 移动到工作区所使用的方向来接近参考点，默认为正向。

13. 组态参考点(RP)偏移量

参考点偏移量可以指定从 RP 到实际测量系统零点位置之间的距离,以在"测量系统"对话框中组态的单位显示。偏移量值始终为正数,默认值为 0.00 或 0,如图 3.50 所示。

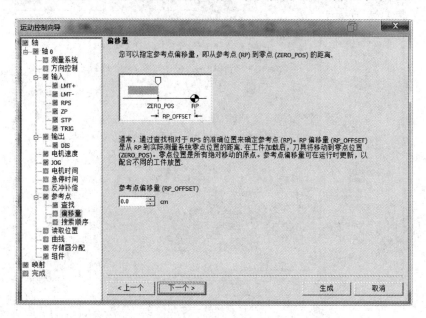

图 3.50　运动控制向导——组态参考点偏移量

14. 组态参考点(RP)搜索顺序

组态参考点搜索顺序如图 3.51 所示。

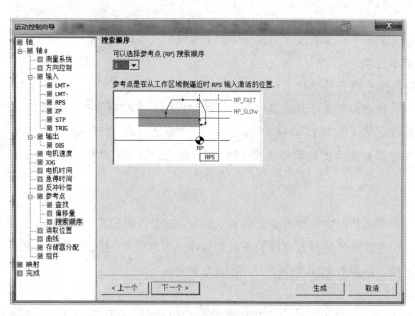

图 3.51　运动控制向导——组态参考点搜索顺序

智能运动控制基础

参考点搜索顺序可以定义用于查找 RP 的算法，有 4 种可供选择的算法模式。

1) RP 搜索顺序 1（默认）

RP 是从工作区一侧逼近时参考点开关(RPS)输入开始激活的位置，如图 3.52 所示。

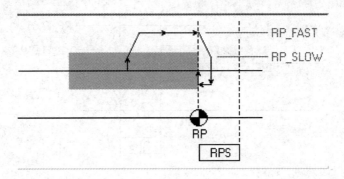

图 3.52　参考点搜索顺序 1

2) RP 搜索顺序 2

RP 在 RPS 输入有效区内居中，如图 3.53 所示。

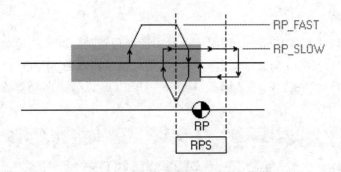

图 3.53　参考点搜索顺序 2

3) RP 搜索顺序 3

RP 位于 RPS 输入的有效区之外。参考点零计数(RP_Z_CNT)显示 RPS 变为未激活后接收多少零脉冲(ZP)输入计数，如图 3.54 所示。

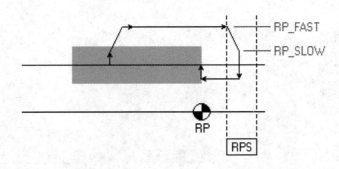

图 3.54　参考点搜索顺序 3

4）RP 搜索顺序 4

RP 位于 RPS 输入的激活区域内。参考点零计数（RP_Z_CNT）显示 RPS 变为激活后接收多少 ZP 输入计数，如图 3.55 所示。

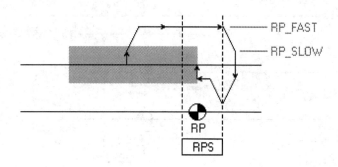

图 3.55　参考点搜索顺序 4

只有在选择 RP 查找模式 3 或 4 时，ZP 输入计数字段才可见。值始终以脉冲数为单位显示，默认值为 0。如果用户选择模式 3 或 4，但不在"组态 ZP 输入"中定义 ZP 输入，则给出错误。

15. 读取位置

读取位置可以从某些 Siemens 伺服驱动器中读取位置值，以便在运动轴中更新当前位置值。在 SINAMICS V90 伺服驱动器与安装了绝对值编码器的 SIMOTICS‐1FL6 伺服电机结合使用时支持此功能。调用子例程 AXIS0_ABSPOS 以通过驱动器读取绝对位置，如图 3.56 所示。

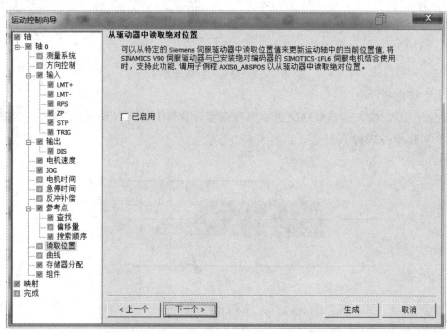

图 3.56　运动控制向导——读取位置

16. 组态包络曲线

在"曲线"（Profiles）对话框中可以定义在应用中所需的位置包络曲线，最多组态 32 条曲线。包络曲线是一个预定义的位置说明，包含一个或多个移动速度，该速度对从起点至终点的移动产生影响。

组态包络曲线包括：创建并命名曲线、定义曲线模式和各步、组态绝对位置模式、组态相对位置模式、组态单速连续旋转模式、组态双速连续旋转模式，如图 3.57 所示。

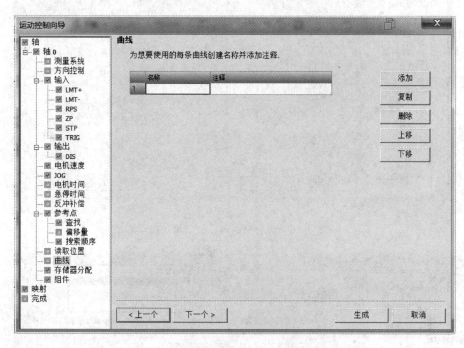

图 3.57　运动控制向导——组态曲线初始界面

1）添加曲线

单击"添加"按钮创建所要使用的曲线，新曲线将显示在列表中。每单击一次"添加"按钮，即可创建 1 条曲线。运动控制向导允许为每条曲线定义符号名称及填写注释，只需在双击名称和注释栏后，再输入符号名称和注释内容即可。完成曲线组态后，便可生成曲线数据。所有组态和曲线信息都存储在运动控制向导 AXISx_DATA 表中。

示例添加了 4 条曲线，分别选用 4 种运动模式，如图 3.58 所示。

2）选择曲线的运行模式

在此对话框中，可为当前的曲线选择以下工作模式之一，如图 3.59 所示。

（1）"绝对位置"（Absolute Position）。

（2）"相对位置"（Relative Position）。

（3）"单速连续旋转"（Single-Speed Continuous Rotation）。

（4）"双速连续旋转"（Two-Speed Continuous Rotation）。

3）组态曲线绝对位置模式

曲线选择绝对位置模式，单击"添加"按钮设置所需的步，每条曲线最多允许组态 16 个

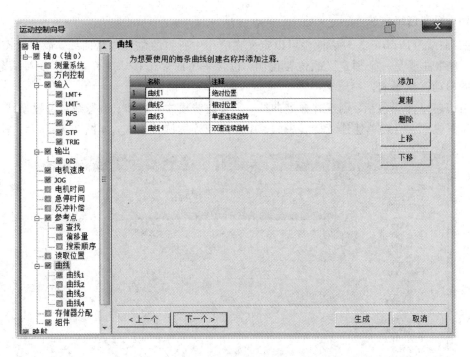

图 3.58　运动控制向导——添加曲线

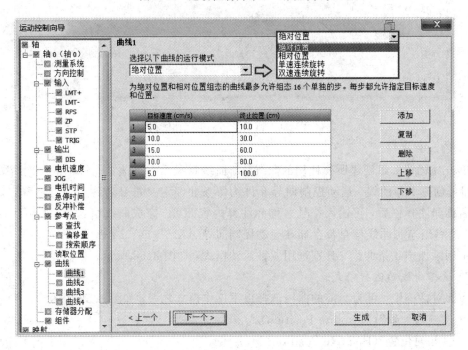

图 3.59　运动控制向导——曲线运行模式

单独的步。如图 3.60 所示,共计组态了 5 个单独的步,分别设置了"目标速度"和"终止位置"。注意,终止位置是单向连续递增的数值,不能反向变化。

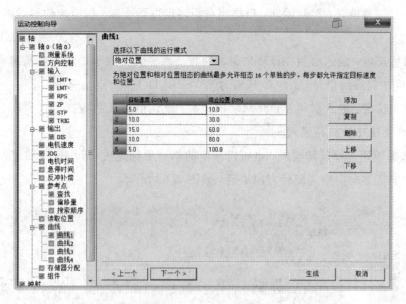

图 3.60　运动控制向导——组态曲线绝对位置模式

（1）绝对位置模式：绝对运动，根据绝对位置定位运动轴，按给定的绝对位置和速度移动运动轴。

（2）目标速度：输入必须在该步取得的速度。该参数受限于最低和最高速度，以"度量系统"对话框中组态的单位显示，默认值为 SS_SPEED（启动/停止速度）。

（3）终止位置：输入必须在该步到达的位置。默认值为 0.00 或 0。

4）组态曲线相对位置模式

曲线选择相对位置模式，单击"添加"按钮设置所需的步，每条曲线最多允许组态 16 个单独的步。如图 3.61 所示，共计组态了 4 个单独的步，分别设置了"目标速度"和"终止位置"。

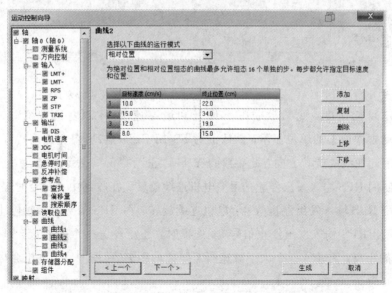

图 3.61　运动控制向导——组态曲线相对位置模式

（1）相对位置模式：相对运动，根据相对距离定位运动轴，按给定的相对距离和速度移动运动轴。

（2）目标速度：输入必须在该步取得的速度。该参数受限于最低和最高速度，以"度量系统"对话框中组态的单位显示，默认值为 SS_SPEED（启动/停止速度）。

（3）终止位置：输入必须在该步移动的距离。默认值为 0.00 或 0。

5）组态单速连续旋转模式

曲线选择单速连续旋转模式，电机以指定的单一目标速度（最小速度和最大速度之间）连续旋转，旋转方向由指定旋转方向决定，如图 3.62 所示。

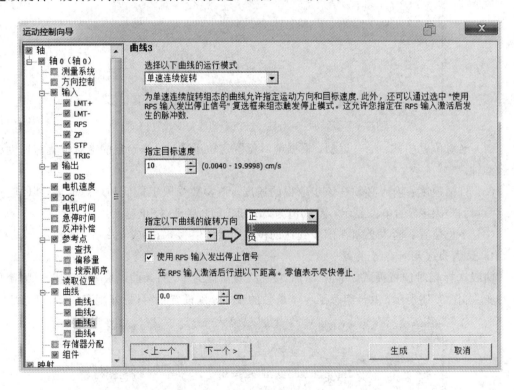

图 3.62　运动控制向导——组态曲线单速连续旋转模式

（1）指定目标速度：此参数受限于最低和最高速度。以"度量系统"（Measurement System）对话框中组态的单位显示，默认值为 SS_SPEED（启动/停止速度）。

（2）指定此曲线的旋转方向：此参数的选项有"正"和"负"，默认状态为"正"。

（3）不使用 RPS 输入发出停止信号：电机连续旋转，在收到中止命令时停止。

（4）使用 RPS 输入发出停止信号：电机连续旋转，在 RPS 信号激活时停止。

选中"使用 RPS 输入发出停止信号"复选框时，还需设置一个新参数，即在 RPS 输入激活后行进的距离，需输入一个大于减速所需距离的距离。如输入 0，电机会尽快减速至停止。此默认值为 0.00 或 0。

智能运动控制基础

6）组态双速连续旋转模式

曲线选择双速连续旋转模式，电机以指定的目标速度（最小速度和最大速度之间）连续旋转，两个目标速度由参考点开关（RPS）激活状态来指定。旋转方向由指定旋转方向决定，如图 3.63 所示。

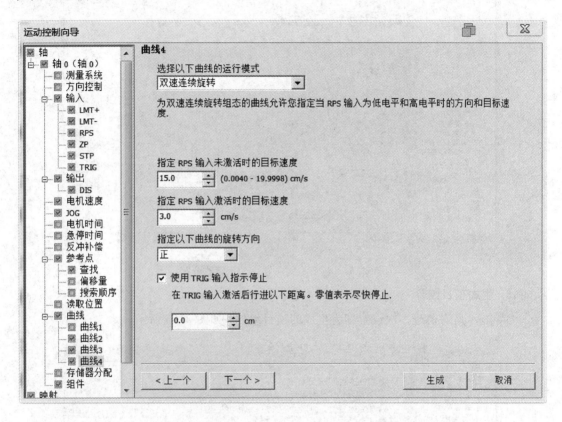

图 3.63　运动控制向导——组态曲线双速连续旋转模式

（1）指定 RPS 未激活时（或激活时）的目标速度：此参数受限于最低和最高速度。以"度量系统"对话框中组态的单位显示，默认值为 SS_SPEED（启动/停止速度）。

（2）指定以下曲线的旋转方向：此参数的选项有"正"和"负"，默认状态为"正"。

（3）不使用 TRIG 输入指示停止：电机连续双速旋转，在收到中止命令时停止。

（4）使用 TRIG 输入指示停止：电机连续双速旋转，在 TRIG 信号激活时停止。

选中"使用 TRIG 输入指示停止"复选框时，还需设置一个新参数，即在 TRIG 输入激活后行进的距离，需输入一个大于减速所需距离的距离。如输入 0，电机会尽快减速至停止。此默认值为 0.00 或 0。

17. 分配存储器

通过点击"建议"按钮分配存储区，程序中其他部分不能占用该向导分配的存储区，如图 3.64 所示。

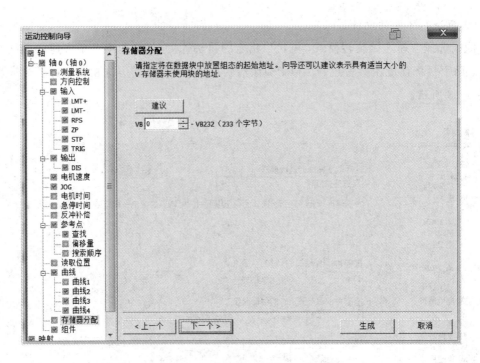

图 3.64　运动控制向导——存储器分配

18. 生成项目组件

向导显示所有通过本次设置即将生成的项目组件，如图 3.65 所示。

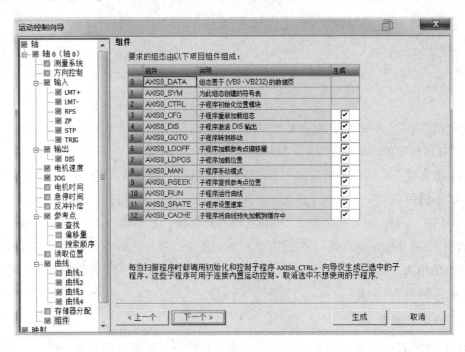

图 3.65　运动控制向导——生成项目组件

19. I/O 映射

完成配置后，运动控制向导会显示运动控制功能所占用的 CPU 本体输入输出点的情况，如图 3.66 所示。

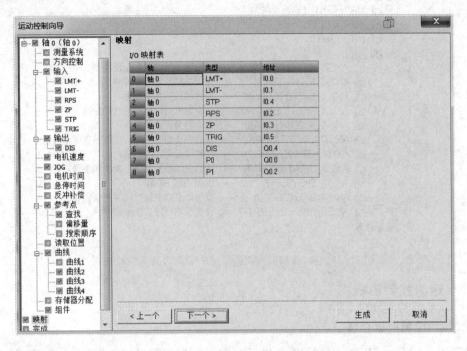

图 3.66　运动控制向导——定义映射关系

20. 完成运动控制向导

（1）当完成对运动控制向导的组态时，点击"生成"按钮，运动控制向导会执行以下任务：

① 将组态和曲线表插入到 S7 - 200 SMART CPU 项目的数据块（AXISx_DATA）中；

② 为运动控制参数生成一个全局符号表（AXISx_SYM）；

③ 在项目的程序块中增加运动控制指令子例程，在应用中可以使用这些指令；所有的运动控制子例程可以在"项目树"的"程序块"中查看，如图 3.67 所示。

（2）说明：

① 要修改任何组态或曲线信息，可以通过再次运行运动控制向导来实现。

② 由于运动控制向导修改了程序块、数据块和系统块，要确保这三种块都下载到 S7 - 200 SMART CPU 中。否则，CPU 可能会无法得到操作所需的所有程序组件。

（3）STEP7-Micro/WIN SMART 软件中集成了介绍概念、指令和任务的在线帮助，通过它可以轻松查阅到运动轴控制子例程的功能和方法。

（4）查看帮助信息的方式有以下两种：

① 在"帮助"菜单功能区单击"帮助"按钮，打开 STEP7 - Micro/WIN SMART 的在线帮助，然后在目录中查找所需的信息。

② 先选中所要查阅其帮助信息的元件，如某个指令，然后按下键盘上的"F1"键，可以快速地打开这条指令的帮助页面。

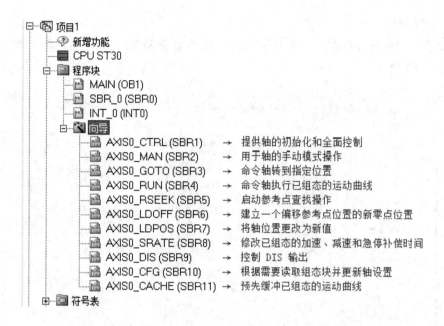

图 3.67　运动控制向导组态生成的子例程及其功能说明

3.5.3　运动控制面板

1. 运动控制面板介绍

STEP-7 Micro/WIN SMART 提供了一个运动控制调试界面"运动控制面板"，可以帮助用户更好的开发 S7-200 SMART 的运动控制功能，更加方便地调试、操作和监视 S7-200 SMART 的工作状态，验证控制系统接线是否正确，调整配置运动控制参数，测试每一个预定义的运动轨迹曲线等。

使用运动控制面板之前请确保已经完成以下操作：

（1）将运动控制向导生成的所有组件（包括程序块、数据块和系统块）下载到 CPU 中，否则 CPU 无法得到操作所需要的有效程序组件。

（2）将 CPU 的运行状态设置为"STOP"。

2. 打开运动控制面板

通过 STEP-7 Micro/WIN SMART 的"菜单栏"或者左侧"目录树"都可以打开"运动控制面板"，如图 3.68 所示。面板目录中列出向导组态的所有运动轴。

3. "操作"界面

该界面允许用户以交互的方式操作、控制运动轴，非常方便。用户可以手动进行运动轴的启动、停止，以及点动操作，也可以更改运动轴的目标速度和方向。交互命令包括加载轴组态、执行连续速度移动等 11 项操作。同时，界面还实时显示当前设备的运行速度、位置和方向信息，以及面板监控到的输入、输出点状态信息。如图 3.69 所示。

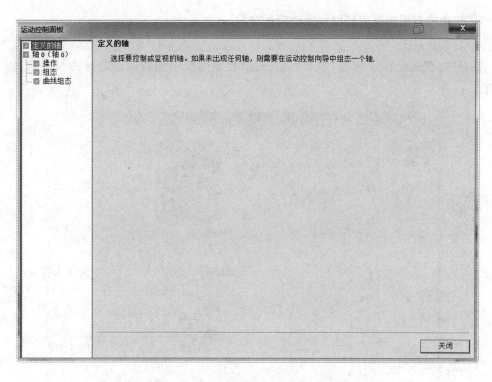

图 3.68 运动控制面板的起始界面

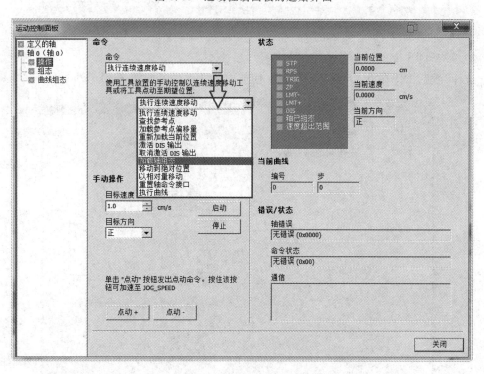

图 3.69 运动控制面板的操作界面

4. 运动控制面板监视和控制运动轴的步骤

1）加载轴组态

选择"加载轴组态"，点击"执行"，在运动控制面板中加载运动向导的组态配置参数，如图 3.70 所示。

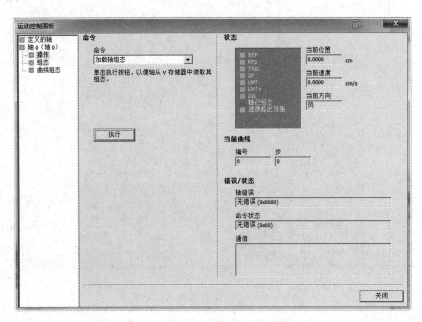

图 3.70　运动控制面板——加载轴组态

2）激活 DIS 输出

选择"激活 DIS 输出"，点击"执行"，使能电机驱动器，如图 3.71 所示。

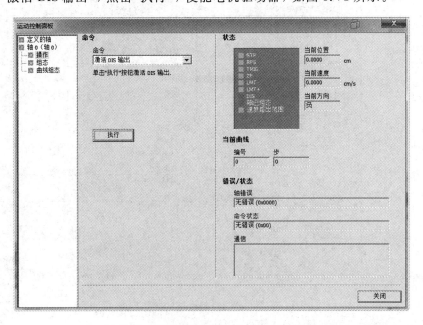

图 3.71　运动控制面板——激活 DIS 输出

智能运动控制基础

3）执行连续速度移动

选择"执行连续速度移动"，可以使电机连续运转，如图 3.72 所示。

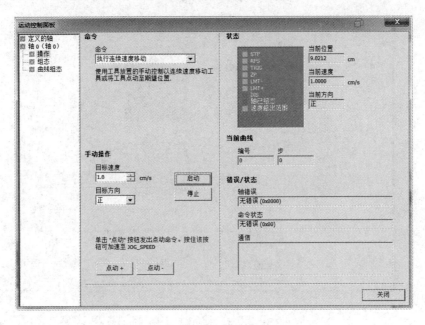

图 3.72　运动控制面板——执行连续速度移动

4）以相对量移动

选择"以相对量移动"，可以移动到指定的相对位置，如图 3.73 所示。

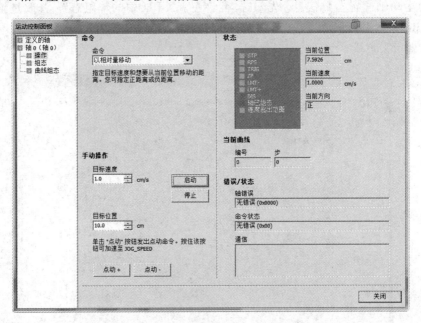

图 3.73　运动控制面板——以相对量移动

5）执行曲线

选择"执行曲线"，可以完成配制运动轨迹曲线的操作，如图 3.74 所示。

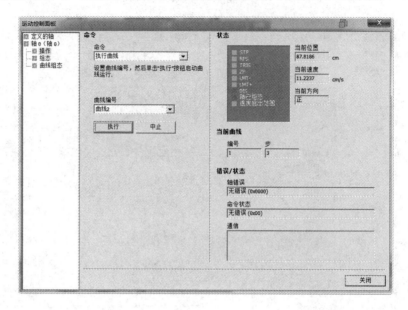

图 3.74　运动控制面板——执行曲线

5. 组态界面

在"组态"界面中，可以帮助用户方便地监控、修改存储在 S7 - 200 SMARTR CPU 数据块中的运动轴配置参数信息。先勾选"允许更新 CPU 中的轴组态"，修改过组态设置以后，再点击"写入"即可。如图 3.75 所示。此界面也支持读取 CPU 中的轴组态参数信息，点击"读取"即可。

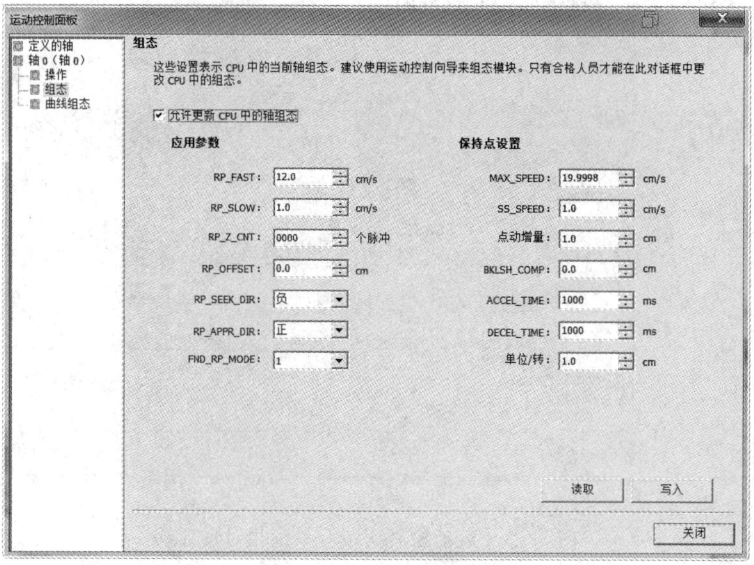

图 3.75　运动控制面板——组态界面

6. 曲线组态界面

在"曲线组态"界面中，可以帮助用户修改已组态的曲线参数并更新到 CPU 中。先勾选"允许更新 CPU 中的轴组态"，CPU 中运动向导组态过的所有曲线将出现在左侧的目录树中，如本例中，有 4 条曲线，如图 3.76 所示。

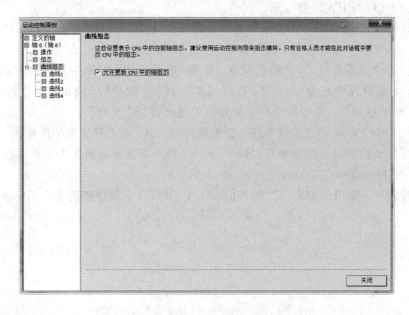

图 3.76　运动控制面板——曲线组态界面

选中所需修改参数的曲线，如图 3.77 中所示的曲线 1，运动控制面板将显示出该曲线的组态参数。用户可以通过点击"读取"，读取 CPU 中存储的已组态的曲线信息，点击"写入"可以将修改后的曲线信息更新到 CPU 中。

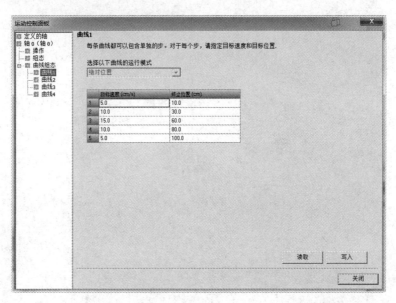

图 3.77　运动控制面板——读取与写入曲线组态信息

┤3.6├ 本 章 习 题

1. SMART 的运动控制方法有哪几种？

2. 说明 PTO 与 PWM 的区别。

3. 设计一个单段管线 PTO 输出程序，要求：Q0.0 以 100 Hz 频率值输出 1000 个脉冲。

4. 设计一个多段管线 PTO 输出程序，要求：启动和结束频率为 2 kHz，最大脉冲频率为 10 kHz，发出脉冲个数为 4000 个。在开始发出 200 个脉冲后，输出波形达到最大脉冲频率；约在 400 个脉冲后，输出波形应完成包络的减速部分。

5. 设计一个 PWM 调速控制程序，要求具有高、中、低三种速度切换模式。

6. 通过运动控制向导组态轴 0 和轴 1，要求：轴 0 测量系统组态为相对脉冲，轴 1 测量系统组态为工程单位。

7. 设计程序，使用 AXISx_CTRL 和 AXISx_GOTO 子程序实现多个 GOTO 指令依次执行。

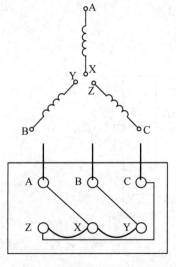
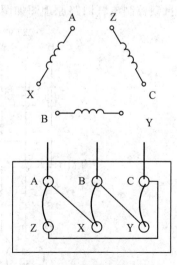

第 4 章

交流电机运动控制

┤4.1├ 交流电机的电气控制

本节学习目标

(1) 了解三相异步交流电机的电气连接方式；

(2) 掌握三相异步交流电机的继电器控制电气回路；

(3) 掌握三相异步交流电机的 PLC 控制的设计方法。

交流电机是机电控制系统的主要设备，在过程控制领域应用广泛，如可以配合传感器、变频器等元件，也可以用于精度要求不高的运动控制领域。掌握交流电机的电气控制原理、电气原理图的设计以及控制程序的设计，对于工程应用是十分必要的。本章以三相异步交流电机为例，介绍交流电机的基本应用及其实现运动控制的常用方法。

4.1.1 三相异步交流电机绕组连接方式

三相异步交流电机内部有三组绕组、六个接线端。三组绕组主要有 2 种定子绕组连接方式，分别是星形连接方式和三角形连接方式，如图 4.1 所示。

图 4.1 三相异步交流电机绕组连接方式

当把三个绕组的一端连在一起，另一端分别接电源，连成一个 Y 形时，就是星形接法；

把三组绕组的首尾相连，然后三个首尾相连处接电源，连成一个三角形，就是三角形接法。工作电压在 380 V 以上的三相异步交流电机常用三角形接法，工作电压在 380 V 以下的常用星形接法。通常电机启动的瞬间电流比较大，所以为了避免电机启动瞬间的大电流造成的影响，可以采用"星－三角"启动方式，即三相异步交流电机先以星形接法启动，经过一定时间后再转换为三角形接法正常运行，目的是减小启动电流。

4.1.2 三相异步交流电机的接触器控制

三相异步交流电机的运行方式有多种，具体方式如下。

1. 点动控制

交流电机点动控制电气回路原理图如图 4.2 所示。

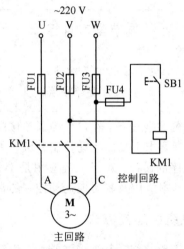

图 4.2 交流电机点动控制电气回路原理图

2. 自锁控制

交流电机自锁控制电气回路原理图如图 4.3 所示。

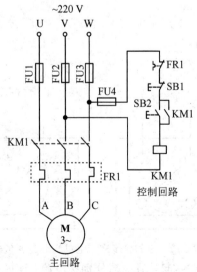

图 4.3 交流电机自锁控制电气回路原理图

3. 点动＋自锁控制

交流电机点动＋自锁控制电气回路原理图如图 4.4 所示。

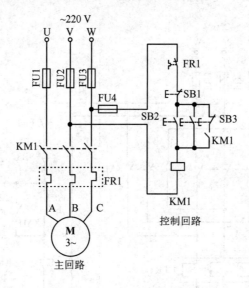

图 4.4 交流电机点动＋自锁控制电气回路原理图

4. Y－△降压起动控制

交流电机 Y－△降压起动控制电气回路原理图如图 4.5 所示。

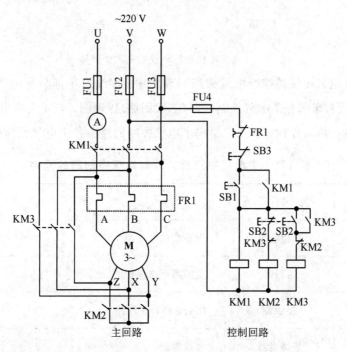

图 4.5 交流电机 Y－△降压起动控制电气回路原理图

5. 正反转控制

交流电机正反转控制电气回路原理图如图 4.6 所示。

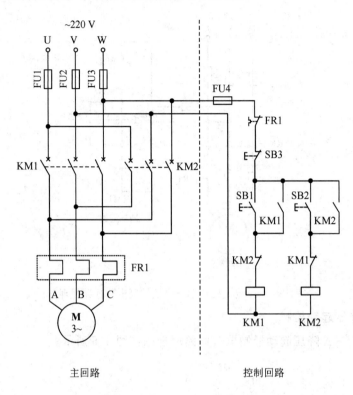

图 4.6 交流电机正反转控制电气回路原理图

图 4.6 交流电机正反转控制电气回路原理图中,虚线左半部分是电气主回路(一次回路)原理图,虚线右半部分是电气控制回路(二次回路)原理图。表 4.1 给出了电气主回路中各个电气元件的名称及作用,表 4.2 给出了电气控制回路中各个电气元件的名称及作用。

表 4.1 交流电机正反转控制电气主回路的元件

电气元件符号	名称	作 用
U、V、W	三相电源	为系统供电三相220V
FU1、FU2、FU3	熔断器	主回路短路保护
KM1、KM2	接触器	闭合、断开主回路
FR1	热继电器	过载保护
M	三相异步电机	带动外部负载

表 4.2　交流电机正反转控制电气控制回路的元件

电气元件	名称	作　用	初始状态
FU4	熔断器	控制回路短路保护	正常
SB1	正转启动按钮	电动机正转启动	断开
SB2	反转启动按钮	电动机反转启动	断开
SB3	停止按钮	电动机停止	闭合
FR1	热继电器开关	过载时断开电气回路	闭合
KM1 线圈	接触器 KM1 线圈	通电时闭合 KM1 的主触点	不通电
KM2 线圈	接触器 KM2 线圈	通电时闭合 KM1 的主触点	不通电
KM1 常开触点	接触器 KM1 常开触点	自锁功能，按钮 SB1 松开后保持 KM1 线圈通电	断开
KM2 常开触点	接触器 KM2 常开触点	自锁功能，按钮 SB2 松开后保持 KM2 线圈通电	断开
KM1 常闭触点	接触器 KM1 常闭触点	互锁功能，保证接触器 KM1 与 KM2 不会同时通电	闭合
KM2 常闭触点	接触器 KM2 常闭触点	互锁功能，保证接触器 KM1 与 KM2 不会同时通电	闭合

4.1.3　三相异步交流电机的 PLC 控制

由 4.1.2 节的内容可知，三相异步交流电机采用继电器－接触器电路作为控制方式时，其功能是单一化的，如需要更改或新增电机的运行功能，必须更改电气接线，操作繁琐且效果不佳。因此，实际工程项目控制交流电机时，一般会采用 PLC 作为控制器，在不改变电机主电路的情况下，通过修改 PLC 程序即可轻松改变电机的运行状态，实现符合不同工程需求的控制要求。本节以一个具体的案例来介绍 PLC 控制交流电机的方法，此方法可以利用 PLC 实现交流电机的手自一体控制。

1. 功能要求

利用 S7‐200 SMART PLC 作为交流电机的控制器，构建交流电机的 PLC 控制系统。要求具备手动控制和自动控制两种方式，而且两种控制方式可以相互切换。手动控制可以实现电机正转、反转、停止功能。自动控制的流程图如图 4.7 所示。

127

第 4 章　交流电机运动控制

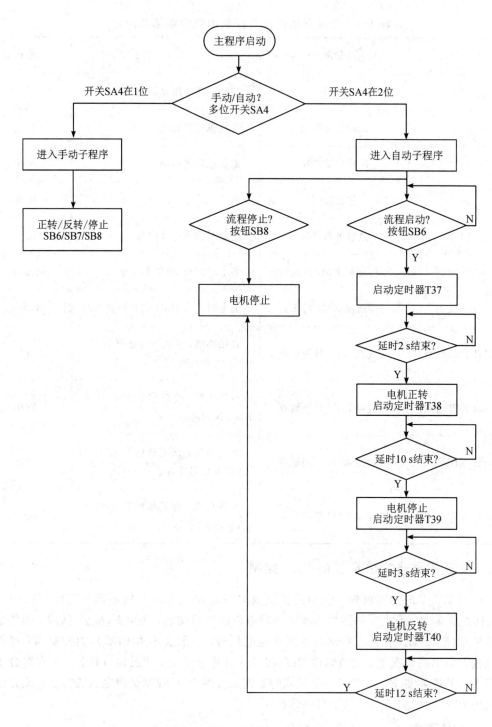

图 4.7　交流电机 PLC 自动控制流程图

2. 设计 PLC 控制的 I/O 配置表

　　根据功能要求，设计 PLC 控制的 I/O 配置表，如表 4.3 所示。其中，为简化外部电气元件的连接线路，SB6、SB7、SB8 这 3 个按钮是手动/自动控制复用的。

表 4.3　I/O 配置表及功能说明

I/O 点	电气元件符号	电气元件名称	功能作用	初始状态
I0.0	SB6	按钮	手动程序-正转/自动程序-系统启动	断开
I0.1	SB7	按钮	手动程序-反转/自动程序-无	断开
I0.2	SB8	按钮	手动程序-停止/自动程序-系统停止	断开
I0.3	FR1	热继电器的常闭触点	电动机主回路过载保护	闭合
I0.4	SA4-1	多位开关的1位	选择手动子程序	断开
I0.5	SA4-2	多位开关的2位	选择自动子程序	断开
Q0.0	KM11	中间继电器的 KM11 线圈	控制主接触器 KM1 接通或断开	不得电
Q0.1	KM21	中间继电器的 KM21 线圈	控制主接触器 KM2 接通或断开	不得电

3. 设计交流电机 PLC 控制的电气回路

1）交流电机的电气控制回路设计

PLC 控制三相异步交流电机的电气回路原理图如图 4.8 所示，其中主回路部分与接触器控制方式完全相同，两种方式的区别在于控制回路的电气元件及连接方式。

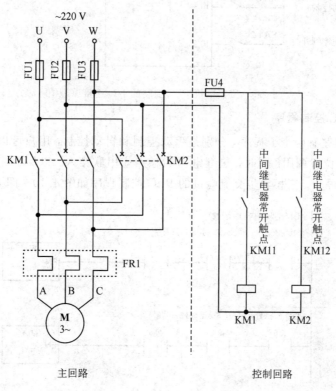

图 4.8　交流电机 PLC 控制的电气回路原理图

129

第 4 章　交流电机运动控制

2) PLC 的电气连接设计

PLC 作为控制器时，异步电机控制回路相比普通二次回路简单了许多，只需要将中间继电器的控制触点连接至主接触器的线圈即可。PLC 采集外部输入（开关、按钮等元件）的当前状态，由内部程序的运行结果决定 PLC 输出（中间继电器等）的状态，而中间继电器触点的状态决定主接触器是否通电，电动机是否运转。

PLC 与输入、输出元件的电气连接如图 4.9 所示。

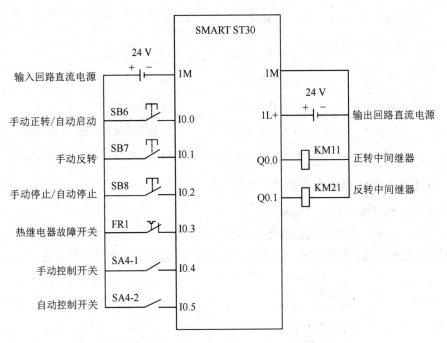

图 4.9 交流电机 PLC 控制的 I/O 连接原理图

4. 设计 PLC 控制程序

PLC 控制程序有两个子程序，分别是手动控制和自动控制，用户可以在主程序中根据多位开关的旋钮位置调用。同时，热继电器的触点应串联接入，以保证在电机发生过热故障时，能够及时停止。三相异步交流电机的 PLC 控制程序如图 4.10～图 4.12 所示。

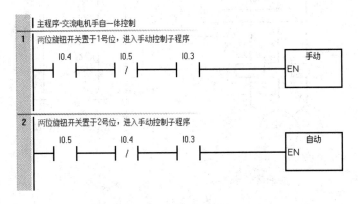

图 4.10 交流电机 PLC 控制程序——主程序

智能运动控制基础

手动控制子程序：交流电机手自一体控制

1 交流电机正转的启-保-停控制

```
     I0.0           Q0.1        I0.2          Q0.0
─────┤ ├──┬──────┤/├────────┤/├──────────( )
          │
     Q0.0 │
─────┤ ├──┘
```

2 交流电机反转的启-保-停控制

```
     I0.1           Q0.0        I0.2          Q0.1
─────┤ ├──┬──────┤/├────────┤/├──────────( )
          │
     Q0.1 │
─────┤ ├──┘
```

图 4.11 交流电机 PLC 控制程序——手动控制子程序

自动控制子程序：交流电机手自一体控制

1 1. 按钮I0.0按下时，置位中间状态位M0.0，启动自动控制；
   2. T40定时到，电机完成正转-暂停-反转一个流程后，再次循环执行

```
     I0.0           M0.0
─────┤ ├──┬────────( S )
          │           1
     T40  │
─────┤ ├──┘
```

2 M0.0启动定时器T37，延时2s

```
     M0.0           T40                    T37
─────┤ ├────────┤/├──────────────────┤IN    TON│
                                       │          │
                                    20─┤PT  100 ms│
```

3 2s延时到，中间继电器Q0.0接通，电机正转；
  同时启动定时器T38，延时10s后，断开Q0.0，电机停止

```
     M0.0      T37      Q0.1       T38        Q0.0
─────┤ ├────┤ ├──┬──┤/├──────┤/├──────( )
                 │
                 │                     T38
                 └──────────────┤IN    TON│
                                 │          │
                             100─┤PT  100 ms│
```

4 10s延时到，启动定时器T39，延时3s

```
     M0.0      T38                 T39
─────┤ ├────┤ ├──────────────┤IN    TON│
                               │          │
                           30─┤PT  100 ms│
```

第 4 章 交流电机运动控制

131

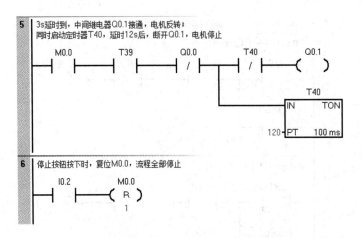

图 4.12　交流电机 PLC 控制程序——自动控制子程序

　　运行实际电机控制程序之前，可以利用在线状态监控功能进行预运行，并进行程序的调试和完善。监控状态如图 4.13 所示。

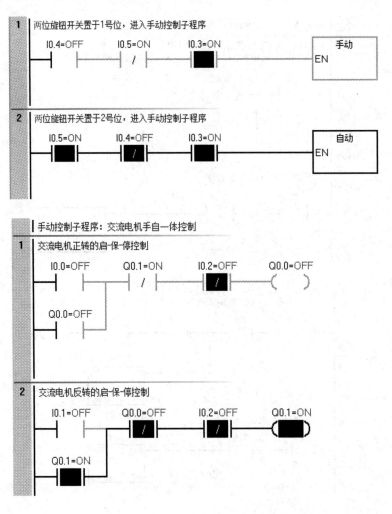

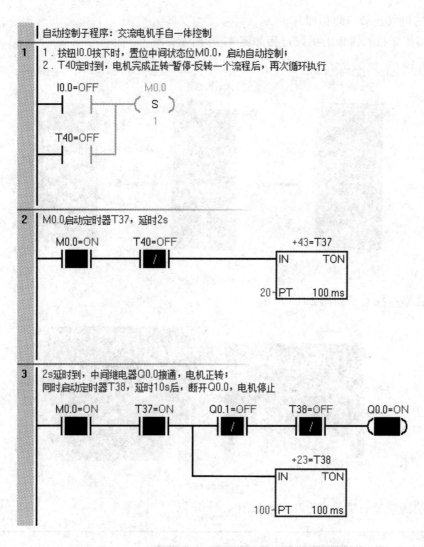

自动控制子程序：交流电机手自一体控制

1 1．按钮I0.0按下时，置位中间状态位M0.0，启动自动控制；
   2．T40定时到，电机完成正转-暂停-反转一个流程后，再次循环执行

2 M0.0启动定时器T37，延时2s

3 2s延时到，中间继电器Q0.0接通，电机正转；
   同时启动定时器T38，延时10s后，断开Q0.0，电机停止

图 4.13 交流电机 PLC 控制程序——在线监控状态

┤4.2├─变频器使用说明

本节学习目标

(1) 了解变频器的基本原理与电气连接方式；

(2) 了解变频器的控制方式及设置方法。

4.2.1 变频器的电气连接

本节以西门子 MM420 变频器为例，介绍变频器的电气连接方法（其他公司或其他型号

的变频器的电气连接与此相似)。

(1) 操作面板和盖板的拆装过程如图 4.14 所示。

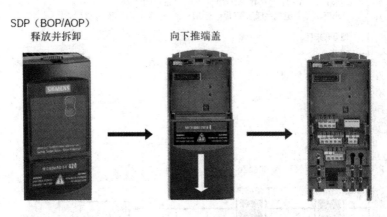

图 4.14　变频器拆装示意图

(2) 功率接线端子如图 4.15 所示。

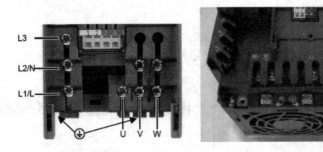

图 4.15　变频器功率接线端子

(3) 控制端子的端子功能及实物如图 4.16 所示。

134

端子号	标识	功　能
1	–	输出+10V
2	–	输出0V
3	ADC+	模拟输入(+)
4	ADC−	模拟输入(−)
5	DIN1	数字输入1
6	DIN1	数字输入2
7	DIN1	数字输入3
8	–	带电位隔离的输出+24V/最大电流100 mA
9	–	带电位隔离的输出0V/最大电流100 mA
10	RL1-B	数字输出/NO(常开)触头
11	RL1-C	数字输出/切换触头
12	DAC+	模拟输出(+)
13	DAC−	模拟输出(−)
14	P+	RS485串行接口
15	N−	RS485串行接口

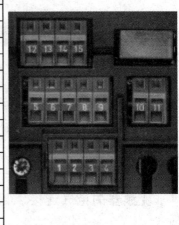

图 4.16　变频器控制端子的端子功能及实物

（4）数字输入和模拟输入默认设置如表 4.4 所示。

表 4.4　MM420 输入端默认设置

输入/输出	端子号	参数数值	功　能
数字输入 1	5	P0701＝1	ON/OFF1　　（I/O）
数字输入 2	6	P0702＝12	反向　（⤺）
数字输入 3	7	P0703＝9	故障复位　（Ack）
数字输出	8	—	＋24V 数字控制电源输出
模拟输入/输出	3/4	P0700＝2	频率设定值
	1/2	—	＋10V/0V 模拟控制电源输出
维电器输出接点	10/11	P0731＝52.3	变频器故障识别
模拟输出	12/13	P0771＝21	输出频率

4.2.2　变频器的控制方式

在设置变频器参数之前，建议做一次变频器复位操作，将所有参数自动复位成缺省设置。MM420 变频器的复位方法是利用 P0010 和 P0970，操作步骤如下：

（1）设定 P0010 ＝ 30（出厂设置）。

（2）设定 P0970 ＝ 1。

通过上述操作，即可将 MM420 变频器复位为出厂时的缺省设定值。

1. 控制方式 1：通过 BOP 控制三相异步交流电机

设置变频器的参数 P1000＝1，即输出频率由 BOP 的按钮设定。通过手动操作基本操作面板 BOP 控制变频器，实现电机启动、停止、换向、调速等功能。

1）设置变频器参数

可以利用快速调试方式设置变频器的参数，调试流程如图 4.17 所示。图中方框选定的参数即为本实验台的实际设置参数。

2）连接电气回路

（1）三相交流电源接入变频器的 L1、L2、L3 端子，连接好地线 PE；

（2）变频器的 U、V、W 端子连接到电机的 U、V、W，连接好地线 PE。

3）BOP 控制电机运行

完成设置后，可以利用 BOP 控制电机的运行，具体方法如下：

（1）按下绿色启动按钮，电机启动并保持停止状态。

（2）按下"数值增加"按钮提高频率，电机转动，其速度逐渐增加到 50 Hz。

（3）当变频器的输出频率达到 50 Hz 时，按下"数值减小"按钮，电机的速度及其显示值逐渐下降。

（4）按下"方向按钮"，可以改变电机的转动方向。

（5）按下红色按钮，电机停车。

注：如需要按下变频器启动按钮时电机以某速度运行，可以在以上设置的基础上，设

快速调试的流程图(仅适用于第1访问级)

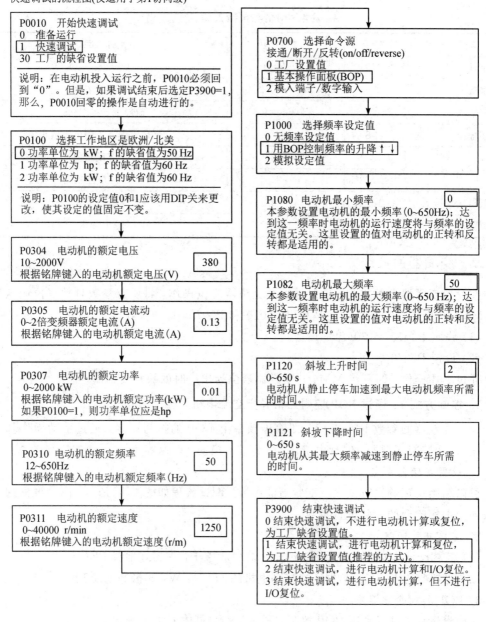

P0010　开始快速调试
0　准备运行
1　快速调试
30　工厂的缺省设置值

说明：在电动机投入运行之前，P0010必须回到"0"。但是，如果调试结束后选定P3900=1，那么，P0010回零的操作是自动进行的。

P0100　选择工作地区是欧洲/北美
0功率单位为 kW；f 的缺省值为50 Hz
1 功率单位为 hp；f 的缺省值为60 Hz
2 功率单位为 kW；f 的缺省值为60 Hz

说明：P0100的设定值0和1应该用DIP关来更改，使其设定的值固定不变。

P0304　电动机的额定电压　　　　380
10~2000V
根据铭牌键入的电动机额定电压(V)

P0305　电动机的额定电流动　　　0.13
0~2倍变频器额定电流(A)
根据铭牌键入的电动机额定电流(A)

P0307　电动机的额定功率　　　　0.01
0~2000 kW
根据铭牌键入的电动机额定功率(kW)
如果P0100=1，则功率单位应是hp

P0310　电动机的额定频率　　　　50
12~650Hz
根据铭牌键入的电动机额定频率(Hz)

P0311　电动机的额定速度　　　　1250
0~40000 r/min
根据铭牌键入的电动机额定速度(r/m)

P0700　选择命令源
接通/断开/反转(on/off/reverse)
0工厂设置值
1 基本操作面板(BOP)
2 模入端子/数字输入

P1000　选择频率设定值
0 无频率设定值
1用BOP控制频率的升降↑↓
2 模拟设定值

P1080　电动机最小频率　　　　　0
本参数设置电动机的最小频率(0~650Hz)；达到这一频率时电动机的运行速度将与频率的设定值无关。这里设置的值对电动机的正转和反转都是适用的。

P1082　电动机最大频率　　　　　50
本参数设置电动机的最大频率(0~650 Hz)；达到这一频率时电动机的运行速度将与频率的设定值无关。这里设置的值对电动机的正转和反转都是适用的。

P1120　斜坡上升时间　　　　　　2
0~650 s
电动机从静止停车加速到最大电动机频率所需的时间。

P1121　斜坡下降时间
0~650 s
电动机从其最大频率减速到静止停车所需的时间。

P3900　结束快速调试
0 结束快速调试，不进行电动机计算或复位，为工厂缺省设置值。
1 结束快速调试，进行电动机计算和复位，为工厂缺省设置值(推荐的方式)。
2 结束快速调试，进行电动机计算和I/O复位。
3 结束快速调试，进行电动机计算，但不进行I/O复位。

图 4.17　设置变频器参数的流程图

定 P1040 = 设定值(频率)，具体操作步骤为：

(1) 设定 P0003 = 2(因为 P1040 参数的访问级是 2 级)；

(2) 设定 P1040 = 20(MOP 的设定频率值 20 Hz)。

2. 控制方式 2：通过外部开关和电位器手动控制三相异步交流电机

设置变频器的参数 P1000＝2，即输出频率由端子 3、4 之间输入的模拟电压(0～10 V)设定。通过外部的开关连接变频器的数字输入端子 DIN1、DIN2，输入控制命令；通过外部

智能运动控制基础

电位器(可调电阻)连接变频器的模拟输入端子 AIN+、AIN−,输入频率设定值。

1) 设置变频器参数

与控制方式 1 的设置流程图类似,控制方式 2 对于变频器的参数设置如表 4.5 所示。

表 4.5 控制方式 2 的参数设置

设置顺序	参数代号	设置值	说　　明
1	P0010	30	调出出厂设置参数
2	P0970	1	恢复出厂值
3	P0010	1	快速调试
4	P0100	0	选择 kW 单位,工频 50 Hz
5	P0304	380	电机的额定电压(V)
6	P0305	0.13	电机的额定电流(A)
7	P0307	0.01	电机的额定功率(kW)
8	P0310	50	电机的额定频率(Hz)
9	P0311	1250	电机的额定速度(r/min)
10	P0700	2	选择命令源(外部端子控制)
11	P1000	2	选择频率设定值(模拟量)
12	P1080	0	电机最小频率(Hz)
13	P1082	50	电机最大频率(Hz)
14	P1120	2	斜坡上升时间(s)
15	P1121	2	斜坡下降时间(s)
16	P3900	1	结束快速调试

2) 连接电气回路

参照图 4.16 所示的变频器输入端子电气连接说明,分别连接好两个开关和电位器。连接到 DIN1(端子 5)的开关 1 控制变频器的开/关,连接到 DIN2(端子 6)的开关 2 控制电机的正/反转。变频器的模拟值输入正极 ADC+(端子 3)连接到电位器的中间抽头,输入频率设定值(电压)由电位器的电阻值决定。电位器的另外两端分别连接端子 1(+10 V)和端子 2(0 V),模拟值输入端子 4(负极 ADC−)同端子 2(0 V)直连。

注:变频器的端子 8、端子 9 输出数字控制电源+24 V/0 V;端子 1、端子 2 输出模拟控制电源+10 V/0 V。

3) 调试运行

完成以上设置后,闭合开关 1,启动变频器;调节电位器即可使电机运转并调速;闭合开关 2 即可使电机换向运行。

3. 控制方式 3:通过外部开关实现多段速控制三相异步交流电机

设置变频器的参数 P1000=3,即输出频率由固定频率设定。通过外部的开关连接变频器的数字输入端子 DIN1、DIN2、DIN3，设置 3 个端子相应的功能后，通过外部开关的组合通断输入端子的状态实现电机速度的有机调速，这种控制频率的方式称为多段速控制功能。

3 个数字输入端子的功能由 P0701、P0702、P0703 三个参数来进行设置，它们的详细设置值如图 4.18 所示。

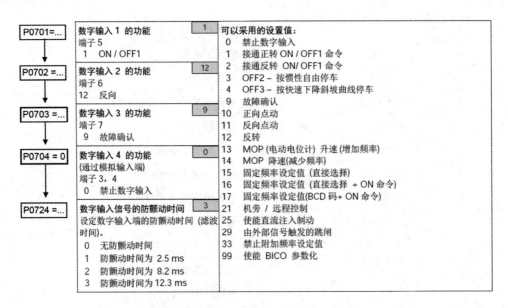

图 4.18　变频器数字输入端子的设置方法

由图 4.18 可知，数字输入 1 默认为接通正转功能，数值输入 2 默认为反转换向功能，数值输入 3 默认为故障确认功能，模拟输入端子在特定情况下可以设定为数字输入端子。当 P0701、P0702、P0703 的设定值为 15、16、17 时，选择固定频率的方式确定输出频率。这 3 种设定值的具体说明如图 4.19 所示。

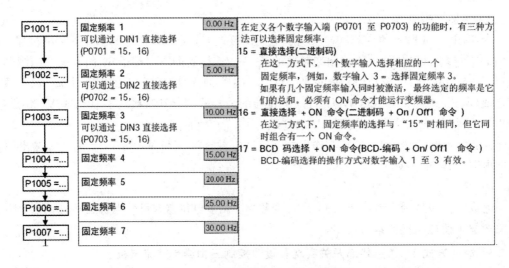

图 4.19　变频器固定频率设定值说明

如图 4.19 所示，MM420 有 7 个固定频率值，分别由 7 个参数设定：

固定频率 1 = P1001 设定值，默认值是 0 Hz；

固定频率 2 = P1002 设定值，默认值是 5 Hz；

…

固定频率 7 = P1007 设定值，默认值是 30 Hz。

在 BCD 码选择＋ON 命令方式下，变频器最多可以输出 7 个固定频率，输入端子的组合方式与固定频率参数之间的关系如表 4.6 所示。

表 4.6　输入端子与固定频率的组合关系

固定频率参数	输入端子组合方式			
	工作方式	DIN1	DIN2	DIN3
	OFF	0	0	0
P1001	方式 1	0	0	1
P1002	方式 2	0	1	0
P1003	方式 3	0	1	1
P1004	方式 4	1	0	0
P1005	方式 5	1	0	1
P1006	方式 6	1	1	0
P1007	方式 7	1	1	1

┤ 4.3 ├─交流电机运动控制案例

本节学习目标

(1) 掌握变频器的控制方式及设置方法；

(2) 熟悉 PLC-变频器-交流电机控制系统的电气设计与程序设计。

4.3.1　案例 1：变频器以开关直接选择方式控制电机

139

要求利用 3 个开关和变频器组成电气控制系统，来控制一台三相异步交流电机以 35 Hz 的频率运行，同时具有启停、反向功能。MM420 变频器的参数值设置流程如表 4.7 所示。

表 4.7 直接选择方式的参数设置流程

设置顺序	参数代号	设置值	说　明
1	P0010	30	调出出厂设置参数
2	P0970	1	恢复出厂值
3	P0003	2	参数访问级
4	P0010	1	快速调试
5	P0100	0	选择 kW 单位，工频 50 Hz
6	P0304	380	电机的额定电压(V)
7	P0305	0.13	电机的额定电流(A)
8	P0307	0.01	电机的额定功率(kW)
9	P0310	50	电机的额定频率(Hz)
10	P0311	1250	电机的额定速度(r/min)
11	P0700	2	选择命令源(外部端子控制)
12	P0701	1	数字端子 1 的功能(正向开关)
13	P0702	12	数字端子 2 的功能(反向)
14	P0703	15	数字端子 3 的功能(直接选择)
15	P1000	3	选择频率设定值(固定频率)
16	P1003	35	设定固定频率 3 的数值(35 Hz)
17	P1080	0	电机最小频率(Hz)
18	P1082	50	电机最大频率(Hz)
19	P1120	2	斜坡上升时间(s)
20	P1121	2	斜坡下降时间(s)
21	P3900	1	结束快速调试

　　按照以上参数设置，并连接好变频器的外部电气回路。DIN1 是电机正转启动开关，DIN3 选择固定频率 3。当 DIN1 和 DIN3 都为 1 时，电机以 35 Hz 频率转动，DIN2 为 1 时换向。

4.3.2 案例 2：变频器以开关直接选择＋ON 方式控制电机

要求利用 3 个开关控制一台三相异步交流电机分 3 段速运行，同时要求具有反向功能，试着设置合适的参数值。与本章所用实验台相对应的参数值设置流程如表 4.8 所示。

表 4.8 直接选择＋ON 方式的参数设置流程

设置顺序	参数代号	设置值	说　明
1	P0010	30	调出出厂设置参数
2	P0970	1	恢复出厂值
3	P0003	2	参数访问级
4	P0010	1	快速调试
5	P0100	0	选择 kW 单位，工频 50 Hz
6	P0304	380	电机的额定电压(V)
7	P0305	0.13	电机的额定电流(A)
8	P0307	0.01	电机的额定功率(kW)
9	P0310	50	电机的额定频率(Hz)
10	P0311	1250	电机的额定速度(r/min)
11	P0700	2	选择命令源(外部端子控制)
12	P0701	16	数字端子 1 的功能(直接选择＋ON)
13	P0702	12	数字端子 2 的功能(反向)
14	P0703	16	数字端子 3 的功能(直接选择＋ON)
15	P1000	3	选择频率设定值(固定频率)
16	P1001	10	设定固定频率 1 的数值(10 Hz)
17	P1003	30	设定固定频率 3 的数值(30 Hz)
18	P1080	0	电机最小频率(Hz)
19	P1082	50	电机最大频率(Hz)
20	P1120	2	斜坡上升时间(s)
21	P1121	2	斜坡下降时间(s)
22	P3900	1	结束快速调试

按照以上参数进行设置，并连接好电气回路。DIN1＝1 时电机以 10 Hz 正转；DIN3＝1 时，电机以 30 Hz 正转；当 DIN1 和 DIN3 都接通时，电机以 40 Hz 正转；接通 DIN2 时换向。

141

4.3.3 案例 3：变频器以 BCD 码选择＋ON 方式控制电机

要求利用 3 个开关控制一台三相异步交流电机分 7 段速运行，同时要求具有反向功能，试着设置合适的参数值。与本章所用实验台相对应的参数值设置流程如表 4.9 所示。

表 4.9　BCD 码选择＋ON 方式的参数设置流程

设置顺序	参数代号	设置值	说　明
1	P0010	30	调出出厂设置参数
2	P0970	1	恢复出厂值
3	P0003	2	参数访问级
4	P0010	1	快速调试
5	P0100	0	选择 kW 单位,工频 50 Hz
6	P0304	380	电机的额定电压(V)
7	P0305	0.13	电机的额定电流(A)
8	P0307	0.01	电机的额定功率(kW)
9	P0310	50	电机的额定频率(Hz)
10	P0311	1250	电机的额定速度(r/min)
11	P0700	2	选择命令源(外部端子控制)
12	P0701	17	数字端子 1 的功能(BCD 选择＋ON)
13	P0702	17	数字端子 2 的功能(BCD 选择＋ON)
14	P0703	17	数字端子 3 的功能(BCD 选择＋ON)
15	P0704	12	AIN＋端子的功能(反转)
16	P1000	3	选择频率设定值(固定频率)
17	P1001	10	设定固定频率 1 的数值(10 Hz)
18	P1002	15	设定固定频率 2 的数值(15 Hz)
19	P1003	20	设定固定频率 3 的数值(20 Hz)
20	P1004	25	设定固定频率 4 的数值(25 Hz)
21	P1005	30	设定固定频率 5 的数值(30 Hz)
22	P1006	35	设定固定频率 6 的数值(35 Hz)
23	P1007	40	设定固定频率 7 的数值(40 Hz)
24	P1080	0	电机最小频率(Hz)
25	P1082	50	电机最大频率(Hz)
26	P1120	2	斜坡上升时间(s)
27	P1121	2	斜坡下降时间(s)
28	P3900	1	结束快速调试

　　按照以上参数进行设置,并连接好电气回路。电机按照数字输入端子的组合方式以不同的固定频率运行,当模拟量输入端子 AIN＋接通高电平时换向。

4.3.4 案例4：材料自动分拣装置

案例知识点

(1) 变频器、交流电机等设备的型号；

(2) 光电、电感、电容式传感器；

(3) 变频器与 PLC 的电气连接；

(4) 过程控制程序设计方法。

---

1. 任务要求

设计一条自动分拣装置，用来区分不同材料类型的工件。

功能要求：按下启动按钮后，当传感器检测到工件时，传送带启动，使工件经过传感器来判别工件的材料类型，并自动将两种工件分拣到不同的物料存储区域。

根据技术要求，综合考虑生产工艺、经济成本、机械结构、控制方式、环保水平等方面，设计出安全可靠、性价比好、易用性高的系统方案，并给出系统的设计图纸和控制程序。

2. 技术要求

(1) 工件材质：铝、橡胶；

(2) 工件尺寸：圆柱体，直径 300 mm，高 200 mm；

(3) 上料方式：手动上料，无需设计；

(4) 传送方式：上料后自动开始高速传送，在工件到达分拣工位之前自动转为低速传送，分拣完成后自动停止；

(5) 分拣方式：铝质工件存放至系统前置料仓 A，橡胶工件存放至系统后置料仓 B；

(6) 控制系统：采用 PLC 作为下位机，安装组态软件的工控机作为上位机；

(7) 控制模式：全自动启停控制，或上位机远程控制；

3. 系统设计

1) 总体方案设计

按照要求，本案例应具有输送带启停、调速控制功能，能够自动分拣橡胶工件/铝工件，因此初步选择 PLC、变频器、交流减速电机和传感器作为控制系统组成，选择皮带线作为物料的输送带。系统方案组成如图 4.20 所示。

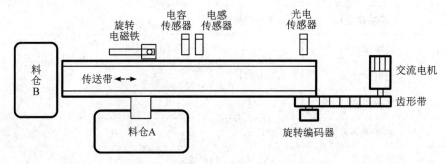

图 4.20 材料自动分拣装置结构组成示意图

系统各组成部分的功能如表 4.10 所示。

表 4.10　材料自动分拣装置各组成设备功能说明

序号	设备名称	功能说明
1	交流减速电机	用于驱动皮带输送单元
2	旋转编码器	用于检测皮带的移动距离、电机转速等
3	皮带输送机构	用于工件的输送,同时完成工件的检测分类
4	光电传感器	用于检测工件的有无。当有工件时给 PLC 提供输入信号。工件的检测距离可由光电传感器头的旋钮调节,调节检测范围为 1～30 cm
5	电感传感器	用于检测金属工件,当工件库与物料台上有物料时给 PLC 提供输入信号。对非金属物料的检测距离为 4 mm
6	电容传感器	用于检测非金属工件,当工件库与物料台上有物料时给 PLC 提供输入信号。工件的检测距离可由电容传感器头的旋钮调节
7	旋转电磁铁	用于完成工件的分类,将工件导入料仓 A

2) 设备选型

根据技术要求,本案例可以有多种硬件组件方式。从性价比和易用性角度考虑,本案例采用西门子 S7-224XP PLC 作为控制器,西门子 MM420 变频器作为驱动器,输送带由带式传送带、旋转编码器、光电传感器、电感传感器、电容传感器、旋转电磁铁组成。具体的设备型号如表 4.11 所示。

表 4.11　材料自动分拣装置的设备型号

序号	设备名称	设备型号及技术指标
1	控制电源	直流 24 V/2 A 开关电源
2	PLC 主机	CPU224XP DC/DC/DC
3	变频器	西门子 MM420,三相输入,功率: 0.75 kW
4	交流减速电机	21K10GN-S3
5	旋转编码器	ZSP3004-0001E-200B45-24C
6	光电传感器	SB03-1K
7	电感传感器	LE4-1K
8	电容传感器	CLG5-1K
9	旋转电磁铁	RSX50L65-24V/26Ω

3）电气控制设计

设备选型完成后，进行电气控制系统设计。本案例的电气控制原理图如图 4.21 所示。

4）I/O 配置

根据案例要求与电气控制原理图，配置 PLC 的输入输出点如表 4.12 所示。

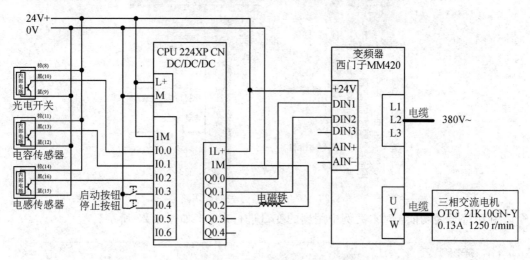

图 4.21　材料自动分拣装置电气控制原理图

表 4.12　材料自动分拣装置的 I/O 配置表

序号	I/O 地址	I/O 类型	说　明
1	I0.0	DI	光电传感器输入信号
2	I0.1	DI	电容传感器输入信号
3	I0.2	DI	电感传感器输入信号
4	I0.3	DI	启动按钮
5	I0.4	DI	停止按钮
6	Q0.0	DO	变频器 DIN1 端子
7	Q0.1	DO	变频器 DIN2 端子
8	Q0.2	DO	旋转电磁铁线圈

5）程序设计

SMART 软件中提供有"符号表"功能，可以对程序用到的软元件进行命名，即对绝对地址（如 I0.3）定义符号地址（如启动按钮），以便于程序的阅读。在 SMART 菜单栏"组件"中，可以选择是否显示符号表。同时，菜单栏中也提供了 3 种地址的显示方式：仅显示绝对地址、仅显示符号地址和同时显示绝对地址和符号地址。如图 4.22 所示。

图 4.22　SMART 符号表的调用路径

利用符号表功能，对本案例中用到的变量进行定义，如图 4.23 所示。

		符号	地址	注释
1		光电传感器	I0.0	
2		电容传感器	I0.1	
3		电感传感器	I0.2	
4		启动按钮	I0.3	
5		停止按钮	I0.4	
6		变频器DIN1	Q0.0	
7		变频器DIN2	Q0.1	
8		旋转电磁铁线圈	Q0.2	
9		电容传感器状态位	M0.1	
10		电感传感器状态位	M0.2	
11		是金属工件	M0.3	
12		分拣时间	T38	
13				

图 4.23　案例 4 的符号表定义

根据工艺流程要求，设计 S7 - 200 的梯形图控制程序，如图 4.24 所示。

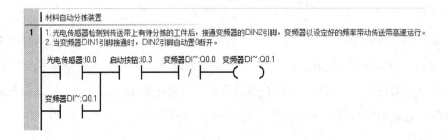

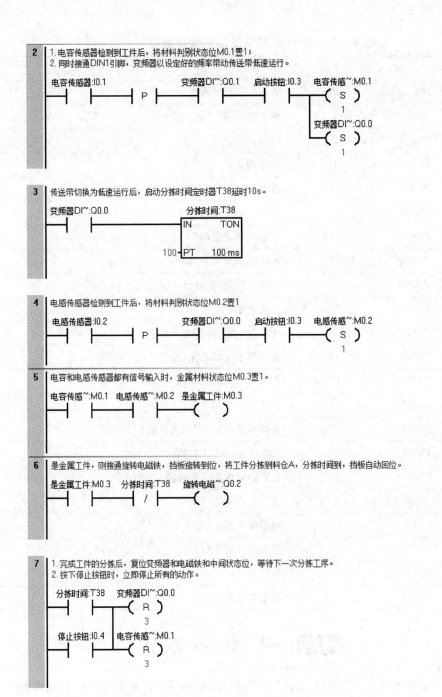

2　1.电容传感器检测到工件后，将材料判别状态位M0.1置1；
　　2.同时接通DIN1引脚，变频器以设定好的频率带动传送带低速运行。

电容传感器:I0.1　　　　　　P　　　　变频器DI~:Q0.1　　启动按钮:I0.3　　电容传感~:M0.1
　　　　　　　　　　　　　　　　　　　　　　　　　　　　　　　　　　　　（ S ）
　　　　　　　　　　　　　　　　　　　　　　　　　　　　　　　　　　　　　1
　　　　　　　　　　　　　　　　　　　　　　　　　　　　　　　　变频器DI~:Q0.0
　　　　　　　　　　　　　　　　　　　　　　　　　　　　　　　　　（ S ）
　　　　　　　　　　　　　　　　　　　　　　　　　　　　　　　　　　1

3　传送带切换为低速运行后，启动分拣时间定时器T38延时10s。

变频器DI~:Q0.0　　　　　　分拣时间:T38
　　　　　　　　　　　　　　　IN　　　TON
　　　　　　　　　　　100―PT　　100 ms

4　电感传感器检测到工件后，将材料判别状态位M0.2置1

电感传感器:I0.2　　　　　　P　　　　变频器DI~:Q0.0　　启动按钮:I0.3　　电感传感~:M0.2
　　　　　　　　　　　　　　　　　　　　　　　　　　　　　　　　　　　　（ S ）
　　　　　　　　　　　　　　　　　　　　　　　　　　　　　　　　　　　　　1

5　电容和电感传感器都有信号输入时，金属材料状态位M0.3置1。

电容传感~:M0.1　　电感传感~:M0.2　　金属工件:M0.3
　　　　　　　　　　　　　　　　　　　　　　（　）

6　是金属工件，则接通旋转电磁铁，挡板旋转到位，将工件分拣到料仓A，分拣时间到，挡板自动回位。

是金属工件:M0.3　　分拣时间:T38　　旋转电磁~:Q0.2
　　　　　　　　　　　　　／　　　　　　　（　）

7　1.完成工件的分拣后，复位变频器和电磁铁和中间状态位，等待下一次分拣工序。
　　2.按下停止按钮时，立即停止所有的动作。

分拣时间:T38　　变频器DI~:Q0.0
　　　　　　　　　（ R ）
　　　　　　　　　　3
停止按钮:I0.4　　电容传感~:M0.1
　　　　　　　　　（ R ）
　　　　　　　　　　3

图 4.24　材料自动分拣装置的 PLC 程序

4. MM420 变频器参数设置

根据本案例中三相异步交流电机的铭牌参数，以及运动控制技术要求，设置 MM420 变频器的相应参数，如表 4.13 所示。

147

表 4.13　MM420 变频器参数设置流程

设置顺序	参数代号	设置值	说　明
1	P0010	30	调出出厂设置参数
2	P0970	1	恢复出厂值
3	P0003	2	参数访问级
4	P0010	1	快速调试
5	P0100	0	选择 kW 单位，工频 50 Hz
6	P0304	380	电机的额定电压(V)
7	P0305	0.13	电机的额定电流(A)
8	P0307	0.01	电机的额定功率(kW)
9	P0310	50	电机的额定频率(Hz)
10	P0311	1250	电机的额定速度(r/min)
11	P0700	2	选择命令源(外部端子控制)
12	P0701	16	数字端子 1 的功能(直接选择＋ON)
13	P0702	16	数字端子 1 的功能(直接选择＋ON)
14	P0703	12	数字端子 2 的功能(反向)
15	P1000	3	选择频率设定值(固定频率)
16	P1001	10	设定固定频率 1 的数值(10 Hz)
17	P1002	40	设定固定频率 2 的数值(40 Hz)
18	P1080	0	电机最小频率(Hz)
19	P1082	50	电机最大频率(Hz)
20	P1120	2	斜坡上升时间(s)
21	P1121	2	斜坡下降时间(s)
22	P3900	1	结束快速调试

┤4.4├─本 章 习 题

1. 设计三相异步交流电机"星型-三角形"启动的控制程序，并给出电气控制原理图。

2. 设计三相异步交流电机两种速度切换的变频控制系统，要求用高速、低速两个按钮分别手动控制电机的运行速度。

3. 本章案例 4 中，如果调试系统时，发现传送带速度过快，该如何修改系统参数？请给出参数设置内容。

第 5 章

步进运动控制

---|5.1|---认识步进电机

本节学习目标

(1) 了解步进电机的工作原理；

(2) 了解步进电机的类型与工作参数。

步进电机是将电脉冲信号转变为角位移或线位移的电动机，是开环控制元件。每输入一个脉冲信号，步进电机的转子就转动一个角度或前进一步，其输出的角位移或线位移与输入的脉冲数成正比，转速与脉冲频率成正比。通过控制施加在电机线圈上的电脉冲顺序、频率和数量，可以实现对步进电机的转向、速度和旋转角度的控制。从图 5.1 所示，步进电机一般由前后端盖、轴承、中心轴、转子铁芯、定子铁芯、定子组件、波纹垫圈、螺钉等部分构成。

步进电机外观示例

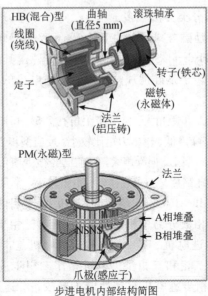

步进电机内部结构简图

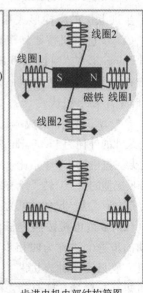

步进电机内部结构简图
(双极永磁电机)

图 5.1 步进电机的外观与内部结构

149

1. 步进电机的运动原理

通常，一根绕成圈状的金属丝叫作螺线管，而在电机中，绕在定子齿槽上的金属丝称作绕组或线圈或相。步进电机的运动原理是，利用电磁学的电磁感应原理，由缠绕在定子齿槽上的线圈将输入的电能转换为机械能输出，为转子提供驱动力。步进电机的定子负责产生磁场，转子负责跟随磁场，是定子线圈固定、转子磁体旋转的结构。

如图 5.1 所示，以二相（两组）线圈的 PM 型电机为例，当线圈 1 通电时将产生一个水平方向的电磁场，进而吸引转子磁体旋转到水平位置；当线圈 2 通电时将产生一个垂直方向的电磁场，进而吸引转子磁体旋转到垂直位置；另外，因为线圈电流的流动方向决定电磁场的方向，因此当同一个线圈中电流方向反向时，其产生的电磁场的方向也将随之反向变化。所以，当线圈 1、2 轮流通电且改变电流方向时，定子将产生一个旋转电磁场，进而吸引转子磁体产生旋转运动，这就是步进电机对的基本运动原理。图 5.2 给出了步进电机的运动原理，可看出二相线圈的电流通断与方向变化对于定子电磁场的影响。

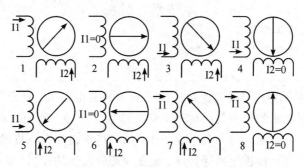

图 5.2　步进电机的运动原理示意图

2. 步进电机的类型

步进电机的结构形式和分类方法较多。

（1）步进电机按照转子励磁方式可分为 PM（Permanent Magnet 永磁）型、VR（Variable Reluctance 反应）型和 HS（Hybrid Stepping 混合）型三种。其中永磁型步进电机的转子是永磁铁，反应型步进电机的转子是硅钢片，混合型步进电机的转子是永磁型和反应型的结合（硅钢片着永磁铁）。

永磁型步进电机的成本低、步距角大，常见步距角有 7.5°、15°、18°等。外形一般是圆形，常见外形尺寸的外径为 4～55 mm。噪声低、输出力矩比较小。反应型步进电机的转子由若干层硅钢片压制并装入电机轴，步距角比永磁型小，但噪声大，目前已经很少使用。混合型步进电机融合了永磁型和反应型的特点，转子既有硅钢片又有永磁铁，步距角较小，常见步距角有 0.36～3.75°，外形大部分是方形，法兰尺寸常见为 16～150 mm；噪声低、扭矩大，是目前市面上的主流产品。

（2）步进电机按照定子相数分为单相、二相、三相、五相步进电机，也有的把二相单极驱动的步进电机称为四相步进电机。其中，二相步进电机是市场绝对主流产品，单相步进电机一般只用于钟表机芯，三相和五相步进电机相比二相步进电机而言，运行更平滑，高速扭矩衰减更慢。目前，二相步进电机驱动性能不断改进，运行平滑性等性能和三相和五相步进电机越来越接近。

永磁型步进电机一般为二相，转矩和体积较小，步距角一般为 7.5°或 15°。反应型步进电机一般为三相，可实现大转矩输出，步距角一般为 1.5°，但噪声和振动都很大。混合型步进电机则混合了永磁型和反应型的优点，又分为二相、三相和五相：二相混合式步进电机的步距角一般为 1.8°，三相的步矩角一般为 1.2°，五相的步距角一般为 0.72°。

图 5.1 的外观示例给出的是 HS（混合）型和 PM（永磁）型步进电机的外观。在中间的结构图给出的也是 HS 型和 PM 型的结构。

3. 步进电机的参数指标

1）相数

相数指产生不同对电磁场的定子线圈对数，常用 m 表示。

2）拍数

拍数指完成一个磁场周期性变化所需的脉冲数或导电状态，或指步进电机转过一个齿距角所需的脉冲数，用 n 表示。以四相步进电机为例，有四相单四拍运行方式，即 A－B－C－D－A；四相双四拍运行方式，即 AB－BC－CD－DA－AB；四相八拍运行方式，即 A－AB－B－BC－C－CD－D－DA－A。导电顺序反向，则步进电机也反向转动，如四相单四拍运行方式是 D－C－B－A－D 时，电机将反转。

3）步距角

步距角对应一个脉冲信号，步进电机转子转过的角位移，用 θ 表示。计算公式为

$$\theta = \frac{360°}{\text{转子齿数 } J \times \text{运行拍数}}$$

如转子为 50 齿的二相步进电机，四拍运行时步距角为

$$\theta = \frac{360°}{50 \times 4} = 1.8°$$

八拍运行时步距角为

$$\theta = \frac{360°}{50 \times 8} = 0.9°$$

4）失步

步进电机运转时运转的步数不等于理论上的步数，称之为失步。

5）空载启动频率

在此脉冲频率下，步进电动机能不失步空载启动、停止和正反转。

6）最高运行频率

最高运行频率是指步进电动机能保持不失步条件下运行的最高脉冲频率。

7）步距角误差

步距角误差是指每一步实际步距角与理论步距角之差（误差不累积）。

┤5.2├─步进电机驱动器

本节学习目标

(1) 了解步进电机驱动器的结构；

(2) 熟悉步进电机驱动器的电气连接方法；

(3) 了解步进驱动器细分的原理与设定。

虽然都是通过电磁感应原理，由定子产生旋转电磁场来带动转子旋转，但是步进电机与三相异步交流电机的驱动方式是不同的。三相异步交流电机的旋转电磁场是由三相交流电产生的，只要接通三相交流电，三相异步交流电机就能转动。然而，步进电机的旋转电磁场是由定子线圈的通电顺序，即电脉冲信号来产生的，因此只给步进电机供电是不能使其转动的，必须配合专用的产生电脉冲信号的驱动器才能正常工作，这点与交流异步电机是不同的。

1. 步进驱动系统的组成结构

　　步进电机和步进电机驱动器一同构成步进驱动系统，如图 5.3 所示。

图 5.3　步进电机及其驱动器

　　步进电机驱动系统的结构组成及电气连接如图 5.4 所示。

图 5.4　步进驱动系统的组成及电气连接

智能运动控制基础

步进电机驱动系统的性能不仅取决于步进电机自身的性能，也取决于步进电机驱动器的性能。步进电机驱动器把控制系统（如 PLC）发出的脉冲信号转化为步进电机的角位移，控制系统每发出一个脉冲信号，将会通过驱动器使步进电机旋转一个步距角。所以，步进电机的转速与脉冲信号的频率成正比。控制步进脉冲信号的频率，可以对电机进行精确调速；控制步进脉冲信号的个数，可以对电机进行精确定位。

一般来说，步进电机驱动器具备环形脉冲分配、功率放大和细分等功能。

步进驱动器通过环形分配器接收控制器发来的信号，包括脉冲信号（CP）、方向信号（DIR）和脱机信号（FREE），然后再将脉冲信号按照一定的循环规律依次分配给功率放大器相应的晶体管，以此来控制步进电机各相绕组的通电和断电。

2. 步进驱动的细分功能

当步进电机步距角不能满足工程需求的精度时，可采用细分功能来驱动步进电机。细分控制是由驱动器精确控制步进电机的相电流来实现的，以二相电机为例，假如电机的额定相电流为 3 A，如果使用常规控制器驱动该电机，则电机每运行一步，其绕组内的电流将从 0 突变为 3 A 或从 3 A 突变到 0，相电流的巨大变化，必然会引起电机运行的振动和噪声。如果使用细分驱动器，在 10 细分的状态下驱动该电机，电机每运行一微步，其绕组内的电流变化只有 0.3 A 而不是 3 A，且电流以正弦曲线规律变化，这样就大大减少了电机的振动和噪声，因此，在性能上的优点才是细分的真正优点。比如，一个 200 步的步进电机，如果用满电流驱动，那么它的步距是 1.8°，而如果用一半的电流驱动，那么它的步距将会是 0.9°。当然还可以继续细分，一般地，步进电机一个步距可以细分 256 步。步数越多，可以获得越平滑的运动，噪声也越小，不容易失步（丢步），但是代价就是扭矩大大减小。比如，当把一个步距分成 16 步时，扭矩仅为保持扭矩的 10% 左右。

步进电机通过驱动器的细分驱动，减小了步距角，提高了运动控制精度。如步进驱动器工作在 16 细分状态时，步进电机的步距角只为固有步距角的十六分之一。比如一个 200 步的步进电机，当其驱动器工作在不细分的整步状态时，控制系统每发一个步进脉冲，电机转动 1.8°；而用细分驱动器工作在 16 细分状态时，每个脉冲电机只转动了 0.1125°。细分功能完全是由驱动器靠精确控制电机的相电流所产生的，与电机无关。

细分驱动的实现原理是控制步进电机相电流的大小，从而改变线圈产生的磁场强度，进而改变转子的平衡位置。下面以二相步进电机细分过程为例，说明驱动器实现细分的原理。

如图 5.5 所示，二相步进电机的定子有两组线圈，线圈 A 和线圈 B。线圈 A 最开始有最大电流，而线圈 B 此时电流为零，定子电磁场指向线圈 A。线圈 A 慢慢减小电流，线圈 B 慢慢增加电流，因为磁场平衡位置的变化，定子电磁场慢步向线圈 B 转动。宏观来看，线圈 A 的电流变化接近 cos 曲线，线圈 B 的电流变化接近 sin 曲线，线圈 A 电流减为零时，线圈 B 电流达到最大值，定子电磁场指向线圈 B。

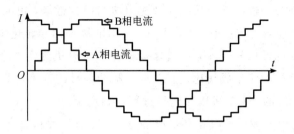

图 5.5　细分的线圈电流变化示意图

如图 5.6 所示，从(1)→(2)→(3)→(4)，线圈 A、B 的电流值连续变化，两个线圈产生的合成电磁场是一个顺时针旋转且步距角 22.5°的细分驱动电磁场，其具体的变化规律如下：

(1) 线圈 A 通满电流(I_{max})、线圈 B 不通电，合成电磁场如图 5.6 中(1)所示。

(2) 线圈 A 通 $0.92I_{max}$ 电流，B 线圈通 $0.38I_{max}$ 电流，合成电磁场如图 5.6 中(2)所示，转子实现顺时针旋转 22.5°。

(3) 线圈 A 和线圈 B 同时通 $0.71I_{max}$ 电流，合成电磁场如图 5.6 中(3)所示，转子实现顺时针旋转 45°。

(4) 线圈 A 通 $0.38I_{max}$ 电流，线圈 B 通 $0.92I_{max}$ 电流，合成电磁场如图 5.6(4)所示，转子实现顺时针旋转 67.5°。

(5) 以此类推，线圈 A、B 分别通以不同的电流时，产生一个顺时针旋转的合成电磁场，驱动转子以步距角 22.5°做顺时针旋转。

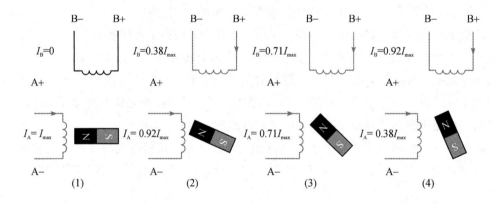

图 5.6　细分驱动举例

步进电机驱动器按照细分算法，通过细分电路向线圈 A、B 输出不同的电流值，即可得到各种细分。步进电机驱动器一般具有拨动开关端子，通过几个开关的不同组合方式来设置细分数值或工作电流的大小。下面以某品牌的步进驱动器为例，给出组合拨动开关的设置方法与示例，如图 5.7 所示。

运行电流（峰值）	SW1	SW2	SW3
0.3A	ON	ON	ON
0.5A	OFF	ON	ON
0.7A	ON	OFF	ON
1.0A	OFF	OFF	ON
1.3A	ON	ON	OFF
1.6A	OFF	ON	OFF
1.9A	ON	OFF	OFF
2.2A	OFF	OFF	OFF

细分(步/转)	SW5	SW6	SW7	SW8
200	ON	ON	ON	ON
400	OFF	ON	ON	ON
800	ON	OFF	ON	ON
1600	OFF	OFF	ON	ON
3200	ON	ON	OFF	ON
6400	OFF	ON	OFF	ON
12800	ON	OFF	OFF	ON
25600	OFF	OFF	OFF	ON
1000	ON	ON	ON	OFF
2000	OFF	ON	ON	OFF
4000	ON	OFF	ON	OFF
5000	OFF	OFF	ON	OFF
8000	ON	ON	OFF	OFF
10000	OFF	ON	OFF	OFF
20000	ON	OFF	OFF	OFF
25000	OFF	OFF	OFF	OFF

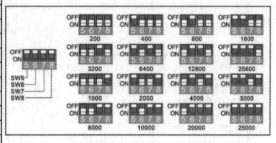

图 5.7　拨动开关设置方法示例

5.3 步进运动控制系统的电气连接

本节学习目标

（1）掌握步进驱动器与步进电机的连接方法；

（2）掌握共阳极、共阴极连接方式；

（3）熟悉步进电机的不同引线方式；

（4）掌握步进驱动器与控制器的连接方法。

155

本书选用 PLC 作为运动控制系统的控制器，发送脉冲信号给步进电机驱动器，从而驱动步进电机运行。步进电机驱动器的输出端连接步进电机，分为 A 相输出端子和 B 相输出端子；步进电机驱动器的输入端与控制器相连，包括输入端电源端子、脉冲输入端子、方向输入端子和脱机输入端子等。常用的步进电机驱动器的输入信号有共阴极型和共阳极型两种连接方式，西门子 S7‑200 SMART PLC 与两种步进驱动系统的电气连接方法如图 5.8 和图 5.9 所示。

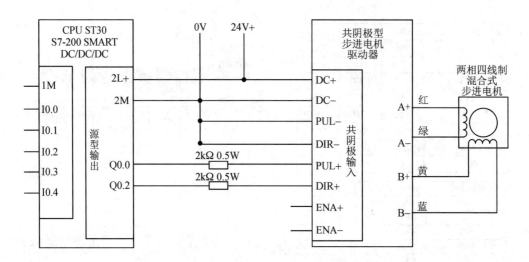

图 5.8　SMART 与共阴极型步进驱动器的电气连接方法

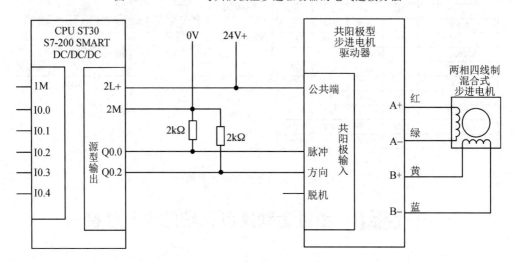

图 5.9　SMART 与共阳极型步进驱动器的电气连接方法

5.3.1　步进电机驱动器与步进电机的电气连接

1. 步进电机的引线

步进电机内部线圈在外部的引线一般是按照不同颜色来区分的，而且不同厂商对于引线的颜色也有不同的定义，如有些二相四线制步进电机的引线颜色是红、绿、黄、蓝，有些则是红、蓝、黑、绿，因此使用时需确认 A、B 相对应的引线，不能接错相线。以二相四线制步进电机为例，区分相线的办法如下：

（1）将任意两根引线短接在一起，不需通电，然后转动电机轴；

（2）如果有较大的转动阻力，则这两根引线即为同相；

（3）如果电机轴可轻松转动，则这两根引线是不同相的。

如图 5.9 中，红色和绿色同为 A 相引线，将它们连接在一起时，电机轴转动是有阻力的。红色和黄色是不同相的引线，将它们连接在一起时，电机轴可以轻松转动。

2. 步进电机的引线与旋转方向

首先要确认步进电机同相的引线与步进驱动器的连接端子连接无误，如 A＋端子连接红色引线，A－端子连接绿色引线，B＋端子连接黄色引线，B－端子连接蓝色引线。

如需要改变步进电机的旋转方向，可以将连接 A＋、A－端子或 B＋、B－端子的引线对调，如将 A＋端子连接绿色引线、A－端子连接红色引线，则即可更换步进电机的旋转方向。同理，对调 B 相的两根引线也一样可以改变步进电机的转向。

5.3.2 步进电机驱动器与控制器的电气连接

1. 共阴极型驱动器的连接

共阴极型驱动器的输入端一般有 DC＋、DC－、PUL＋、PUL－、DIR＋、DIR－、ENA＋、ENA－端子，其功能与连接方法如下

(1) DC＋、DC－：电源端子，一般连接 DC 24 V 电源。

(2) PUL＋、PUL－：脉冲端子，PUL＋连接 PLC 的高速脉冲输出端子，接收 PLC 发出脉冲信号；PUL－连接 DC－，通过这组端子控制步进电机。

(3) DIR＋、DIR－：方向端子，DIR＋连接 PLC 的输出端子，接收 PLC 发出的电平信号；DIR－连接 DC－，通过这组端子控制步进电机的旋转方向。

(4) ENA＋、ENA－：使能端子，ENA＋连接 PLC 的输出端子，接收 PLC 发出的电平信号；ENA－连接 DC－，通过这组端子控制电机是否脱机。连接时电机脱机，即可以手动旋转步进电机，同时脉冲信号无法控制步进电机。一般该组端子可不接。

2. 共阳极型驱动器的连接

共阳极型驱动器的输入端一般有公共端、脉冲、方向、脱机端子，其功能与连接方法如下：

(1) 公共端：输入信号的公共端子，一般连接 DC 24V 电源正极。

(2) 脉冲：脉冲端子，连接 PLC 的高速脉冲输出端子，接收 PLC 发出脉冲信号，通过这组端子控制步进电机。

(3) 方向：方向端子，连接 PLC 的输出端子，接收 PLC 发出的电平信号，控制步进电机的旋转方向。

(4) 脱机：使能端子，连接 PLC 的输出端子，接收 PLC 发出的电平信号，控制电机是否脱机。连接时电机脱机，即可以手动旋转步进电机，同时脉冲信号无法控制步进电机。一般该组端子可不接。

3. 限流电阻的连接

PLC 输出点与步进驱动器输入点之间连接有限流电阻，作用是防止过大的输入电流对步进驱动器内部电路造成损害。

(1) 当电源 $V_{CC} = +24$ V 时，限流电阻选用 $1.5 \sim 2$ kΩ；

(2) 当电源 $V_{CC} = +12$ V 时，限流电阻选用 510 Ω；

(3) 当电源 $V_{CC} = +5$ V 时，可以直接连接，不需要限流电阻。

┤ 5.4 ├─ 步进运动控制系统案例

本节学习目标

（1）掌握步进运动控制系统的整体设计方法；
（2）掌握步进运动控制的常用指令；
（3）掌握步进运动控制系统的向导组态。

5.4.1　案例1：自动往复传送机构

案例知识点

（1）二相八线步进电机及其驱动器；
（2）PLC步进运动控制系统的电气连接；
（3）多段管线PTO；
（4）滚珠丝杆导程。

---

1. 任务要求

设计一条步进控制运动机构，用来自动传送工件。

功能要求：启动按钮按下后，传送机构通过步进运动控制系统自动地在两个工位 A、B 间做高速往复运动，重复完成将工件原料由工位 A 运送至工位 B 的工序动作。停止按钮按下时，机构立刻停止运行。

综合考虑生产工艺、经济成本、机械结构、控制方式、环保水平等方面，设计出安全可靠、性价比好、易用性高的系统方案，并给出系统的设计图纸和控制程序。

2. 技术要求

（1）工件外形尺寸：长方体，20 mm×20 mm×15 mm。
（2）上料方式：手动上料，无需设计。
（3）传送方式：采用滚珠丝杆传动方式，在两个不同工位 A、B 之间往复运行。
（4）控制系统：采用 PLC＋步进驱动系统。
（5）控制模式：手动启停，运动过程全自动。
（6）定位精度：工位定位误差不超过 1 mm。

3. 系统设计

1）系统方案设计

本案例采用 PLC、滚珠丝杆传送机构、步进电机驱动系统实现工作台的定位控制，达到工作台往复运动的功能。

根据技术要求，设备选型如表 5.1 所示。

表 5.1   自动往复传送机构设备选型

名称	型号规格	说明
PLC 主机	西门子 SMART ST30	晶体管输出 100 kHz
步进电机	雷赛 57HS09	额定电流 2.8 A、步距角 1.8°
步进驱动器	雷赛 M542	二相步进电机驱动器
限位开关	欧姆龙 V - 155 - 1C25	滚珠丝杆限位
滚珠丝杠模组	NSK	导程 10 mm

雷赛 M542 步进驱动器由 SW1~SW3 三个拨码开关来设定驱动器的输出电流，提供从 1.00 A 到 4.20 A 等 8 档电流；由 SW5~SW8 四个拨码开关来设定驱动器的微步细分，提供从 400 到 25000 等 16 档细分。

滚珠丝杠是常用的机械传送机构，其主要功能是将旋转运动转换成线性运动，或将扭矩转换成轴向反复作用力，同时兼具高精度、可逆性和高效率等优点。由于具有很小的摩擦阻力，滚珠丝杠被广泛应用于各种运动控制系统。在运动控制系统中主要关注的滚珠丝杆参数是导程，即同一螺旋线上相邻两牙在中径圆柱面的母线上的对应两点间的轴向距离，如图 5.10 所示。

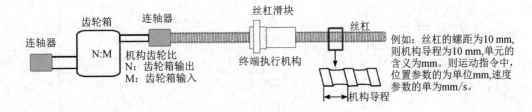

图 5.10   滚珠丝杆的导程

由图 5.10 可知，螺距是丝杠上螺母转一圈（360°）所行走的直线距离，一般有 5 mm，10 mm，20 mm 等。若丝杠螺纹是由一条螺旋线所形成的，导程等于螺距；若丝杠螺纹是由几条螺旋线所形成的，导程等于螺距与螺纹线数的乘积。举例来说，单线螺纹的导程等于螺距，双线螺纹的导程等于螺距的 2 倍。

滚珠丝杆的常见导程（单位为 mm）有 1、2、4、6、8、10、16、20、25、32、40，中小导程现货产品一般只有 5、10，大导程一般有 1616、2020、2525、3232、4040（4 位数中，前两位是直径，后两位是导程）。一般情况下，导程与直线速度有关，在输入转速一定的情况下，导程越大速度越快。运动控制系统中，导程优先选择 5 和 10。

选定控制系统设备后，设计控制系统的电气连接，如图 5.11 所示。

2）I/O 配置

根据案例要求与电气控制原理图，配置 PLC 的输入输出点如表 5.2 所示。

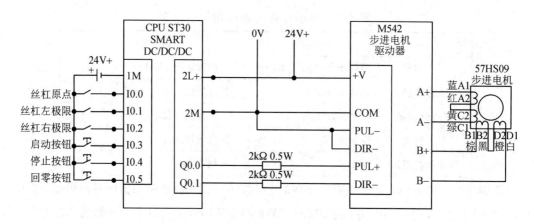

图 5.11　自动往复传送机构电气连接

表 5.2　自动往复传送机构的 I/O 配置表

序号	I/O 地址	I/O 类型	说　明
1	I0.0	DI	工作台原点限位开关
2	I0.1	DI	工作台左极限限位开关
3	I0.2	DI	工作台右极限限位开关
4	I0.3	DI	启动按钮
5	I0.4	DI	停止按钮
6	I0.5	DI	回零按钮
7	Q0.0	DO	步进脉冲信号
8	Q0.1	DO	步进方向信号
9	M0.0	中间寄存器	复位开始
10	M0.1	中间寄存器	复位回右限位
11	M0.2	中间寄存器	复位回原点
12	M0.3	中间寄存器	等待启动
13	M0.4	中间寄存器	从原点到左工位
14	M0.5	中间寄存器	到达左工位
15	M0.6	中间寄存器	从左工位到右工位
16	M0.7	中间寄存器	到达右工位
17	M1.0	中间寄存器	从右工位到左工位
18	M1.1	中间寄存器	往复动作完成 1 次
19	M1.2	中间寄存器	启动步进电机
20	T40	定时器	复位前延时 2 s
21	T37	定时器	左工位延时
22	T38	定时器	右工位延时

3）设置步进驱动系统

本案例选用的是雷赛 57HS09 二相八线制步进电机，其部分技术参数如表 5.3 所示。

表 5.3　雷赛 57HS09 步进电机技术参数

相数	步距角/(°)	保持转矩/(N·m)	额定电流/A	引线数	电机重量/kg	机身长/mm
2	1.8	0.9	2.8	8	0.6	56

该步进电机是二相八线制的，其引线连接方法如表 5.4 所示。

表 5.4　雷赛 57HS09 步进电机(57 系列 8 线)技术参数

接法	驱动器接线端	电机引线	适用场合
串联	A+	A1 蓝	低速
	A−	C1 绿	
	B+	B1 棕	
	B−	D1 白	
	悬空	A2 红−C2 黄(相连)	
	悬空	B2 黑−D2 橙(相连)	
并联	A+	A1 蓝−C2 黄	高速
	A−	A2 红−C1 绿	
	B+	B1 棕−D2 橙	
	B−	B2 黑−D1 白	

本案例中，工作台需要的是低速精确定位，因此选择串联方式连接驱动器与步进电机，如图 5.10 所示。

根据所选用的滚珠丝杠导程以及技术要求的控制精度，选取步进电机的运行参数为：4000 步/转，工作电流 1.69 A，相应的步进驱动器拨码设置如表 5.5 所示。

表 5.5　步进驱动器拨码设置

SW1	SW2	SW3	SW4	SW5	SW6	SW7	SW8
off	off	on	off	on	off	on	off

4）程序设计

步进运动的控制模式采用多段管线 PTO，可以为步进电机的运动定义复杂的运动顺序，最多可以定义 255 段脉冲包络输出。本案例采用最为基本的 3 段管线包络曲线，包括加速段、恒速段和减速段，其波形输出如图 5.12 所示。

本案例的设定数值如下：

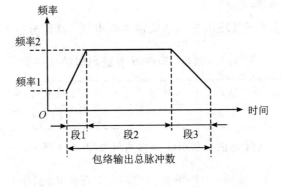

图 5.12　多段 PTO 输出包络波形示意图

(1) 段 1：加速段，启动频率 2000 Hz，输出脉冲 200 个。

(2) 段 2：恒速段，运行频率 10 000 Hz，输出脉冲个数由程序设定。

(3) 段 3：减速段，停止频率 200 Hz，输出脉冲 200 个。

SMART 为多段管线 PTO 的包络曲线在 V 寄存器中配置了相应的数据存储空间，由 SMW168、SMW178 和 SMW568 分别设置对应 Q0.0、Q0.1 和 Q0.3 的 PTO 包络表起始位置(相对 V0 的字节偏移数值)。在多段管道化期间，SMART 从 V 存储器的包络表中自动读取每个脉冲串段的特性。每段条目长 12 字节，由 32 位起始频率、32 位结束频率和 32 位脉冲计数值组成，包络表数据样式如表 5.6 所示。

表 5.6　SMART 多段管线 PTO 的包络表样式

起始位置(相对 V0 的字节偏移量)	数值说明	段
0	总段数(1~255)	
1	起始频率(1~100 000 Hz)	
5	结束频率(1~100 000 Hz)	段 1
9	脉冲数(1~2 147 483 647)	
13	起始频率(1~100 000 Hz)	
17	结束频率(1~100 000 Hz)	段 2
21	脉冲数(1~2 147 483 647)	
以此类推	以此类推	段 3

162

PTO 生成器会自动将频率从起始频率线性提高或降低到结束频率，在脉冲数量达到指定的脉冲计数时，立即装载下一个 PTO 段，该操作将一直重复直到包络结束。每段的持续时间应大于 500 μs，如果持续时间太短，CPU 可能没有足够的时间计算下一个 PTO 段值。如果不能及时计算下一个段，则 PTO 管道下溢位(SM66.6、SM76.6 和 SM566.6)被置"1"，且 PTO 操作终止。

如本案例中将 SMW168 设为 0 时，包络表数据定义如表 5.7 所示。

表 5.7 本案例的包络表

包络表地址	数值	说明	段
VB0	3	总段数	
VD1	2000	起始频率(Hz)	
VD5	10 000	结束频率(Hz)	段 1
VD9	200	脉冲数	
VD13	10 000	起始频率(Hz)	
VD17	10 000	结束频率(Hz)	段 2
VD21	80 000(程序设定，可变)	脉冲数	
VD25	10 000	起始频率(Hz)	
VD29	2000	结束频率(Hz)	段 3
VD33	200	脉冲数	

根据工艺流程要求，设计西门子 S7 - 200 SMART 梯形图控制程序。程序由主程序 Main、子程序 SBR0、SBR1、SBR2 组成。主程序编写运动逻辑程序，控制工作台全自动的往复运动，确保达到技术要求的运动规则和运动精度。通过初始化子程序 SBR0 设定多段管线的参数值，通过 PTO 运行子程序 SBR1 输出包络脉冲，通过停止子程序 SBR2 停止电机运动。主程序如图 5.13 所示，子程序 SBR0、SBR1、SBR2 分别如图 5.14、图 5.15、图 5.16 所示。

（1）主程序。

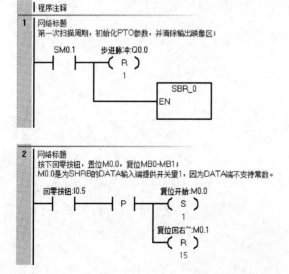

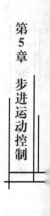
163

3 延时2s开始回零复位操作

```
复位开始:M0.0                          复位前延时~:T40
  ┤ ├──────┬────────────────────────IN        TON
           │
           │                     20─PT    100 ms
           │
           │                              T41
           └────────────────────────IN        TON

                                 30─PT    100 ms
```

4 复位动作开始执行1s后,将M0.0置0

```
   T41        复位开始:M0.0
  ┤ ├──────────( R )
                 1
```

5 SHRB指令实现步进电机8个顺序动作工位节点的连续置位功能:M0.0启动复位回零,延时2s后,置位M0.1启动回右限位,到达右限位后,
置位M0.2启动回原点,到达原点后完成回零操作;同时置位M0.3,等待启动信号;启动按钮按下后,依次将M0.4到M1.1置1,顺序执行动
作;M0.4、M0.5、M0.6实现第一次往复动作,M1.1在一个往复动作完成后,跳转到M0.5,实现往复动作的循环执行。

```
复位前延时~:T40                                    ┌──SHRB──┐
  ┤ ├────────┤P├──────┬────────────────EN      ENO├──────►►
                      │
复位回右~:M0.1  右限位:I0.2    复位开始:M0.0  ─┤DATA
  ┤ ├────────┤ ├──────┤     复位回右~:M0.1  ─┤S_BIT
                      │            +9 ─┤N
复位回原点:M0.2  原点限位:I0.0                 └────────┘
  ┤ ├────────┤ ├──────┤

等待启动:M0.3   启动按钮:I0.3
  ┤ ├────────┤ ├──────┤

从原点到~:M0.4    SMB166
  ┤ ├────────┤==B├────┤
               3
到达左工位:M0.5 左工位延时:T37
  ┤ ├────────┤ ├──────┤

从左工位~:M0.6    SMB166
  ┤ ├────────┤==B├────┤
               3
到达右工位:M0.7 右工位延时:T38
  ┤ ├────────┤ ├──────┤

从右工位~:M1.0    SMB166
  ┤ ├────────┤==B├────┤
               3
```

6 一个往复动作完成后,再次开始循环执行往复动作。

```
往复动作~:M1.1  到达左工位:M0.5
  ┤ ├──────────( S )
                 1
              往复动作~:M1.1
              ( R )
                 1
```

7 从原点到达左工位,延时1s

```
到达左工位:M0.5                      左工位延时:T37
  ┤ ├──────┤ ├──────────────────────IN        TON

                               +10 ─┤PT    100 ms
```

164

8 从左工位到达右工位，延时1s

```
到达右工位:M0.7                 右工位延时:T38
    ┤├                        IN      TON

                         +10─PT      100 ms
```

9 步进电机回零位时，首先将其移动至右限位，需要的脉冲数至少要超过左限位与右限位间的距离，因此可以设置数量多一些的脉冲，有限位开关控制其动作。

```
复位回右~:M0.1                      MOV_DW
    ┤├        ┤P├               EN      ENO

                          +500000─IN     OUT─VD100
```

10 步进电机从原点定位到左边工位，移动距离是5cm，需要40000个脉冲。

```
从原点到~:M0.4                      MOV_DW
    ┤├        ┤P├               EN      ENO

                           +40000─IN     OUT─VD100
```

11 步进电机从左边工位移动到右边工位，移动距离是10cm，需要80000个脉冲。

```
从左工位~:M0.6                      MOV_DW
    ┤├        ┤P├               EN      ENO

                           +80000─IN     OUT─VD100
```

12 步进电机从右边工位移动到左边工位，移动距离是10cm，需要80000个脉冲。

```
从右工位~:M1.0                      MOV_DW
    ┤├        ┤P├               EN      ENO

                           +80000─IN     OUT─VD100
```

13 步进电机方向控制，Q0.1=0时向右运行，Q0.1=1时向左运行

```
复位回原点:M0.2   步进方向:Q0.1
    ┤├        ─( )

从原点到~:M0.4
    ┤├

从右工位~:M1.0
    ┤├
```

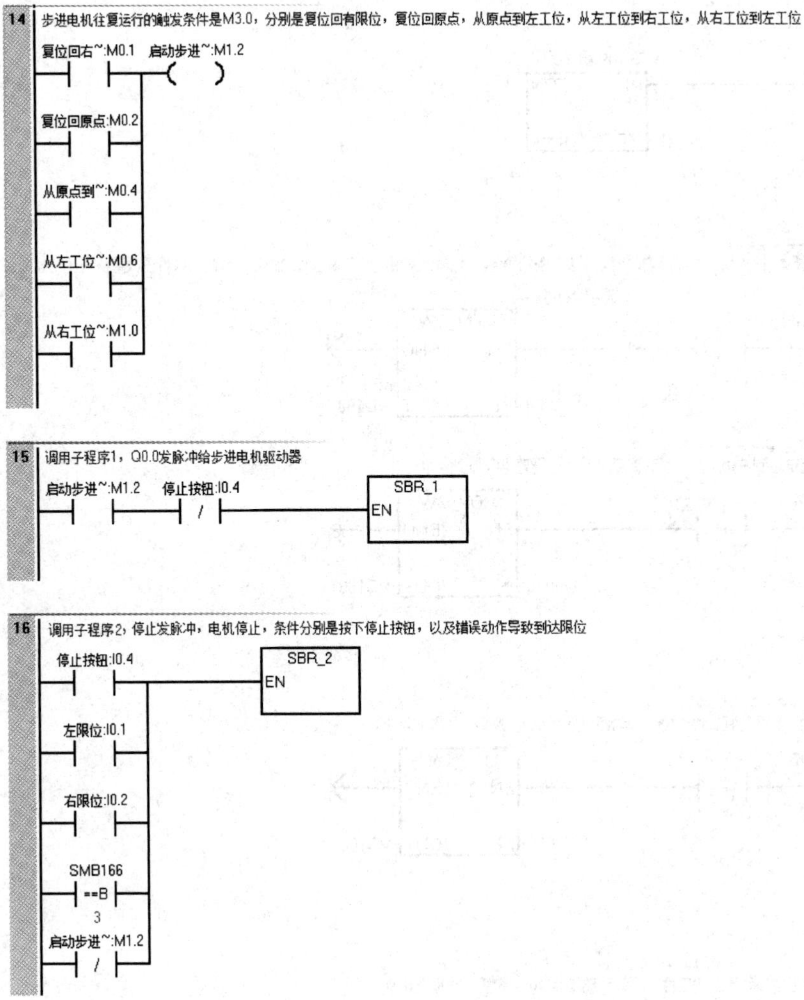

14 步进电机往复运行的触发条件是M3.0，分别是复位回有限位，复位回原点，从原点到左工位，从左工位到右工位，从右工位到左工位

```
复位回右~:M0.1    启动步进~:M1.2
  ┤ ├            ( )

复位回原点:M0.2
  ┤ ├

从原点到~:M0.4
  ┤ ├

从左工位~:M0.6
  ┤ ├

从右工位~:M1.0
  ┤ ├
```

15 调用子程序1，Q0.0发脉冲给步进电机驱动器

```
启动步进~:M1.2   停止按钮:I0.4          ┌─SBR_1─┐
  ┤ ├            ┤ / ├                │EN     │
                                      └───────┘
```

16 调用子程序2，停止发脉冲，电机停止，条件分别是按下停止按钮，以及错误动作导致到达限位

```
停止按钮:I0.4                  ┌─SBR_2─┐
  ┤ ├ ────┬────────           │EN     │
          │                   └───────┘
左限位:I0.1
  ┤ ├ ────┤
          │
右限位:I0.2
  ┤ ├ ────┤
          │
SMB166
 ==B ─────┤
  3
启动步进~:M1.2
  ┤ / ├────┘
```

图 5.13　自动往复传送机构主程序

（2）PTO 初始化子程序 SBR0。

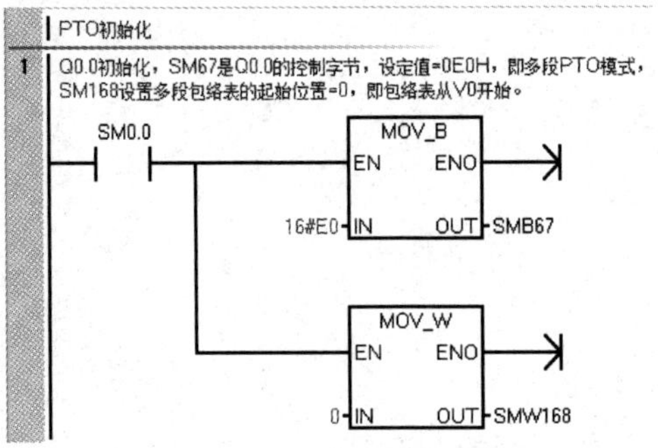

PTO初始化

1 Q0.0初始化，SM67是Q0.0的控制字节，设定值=0E0H，即多段PTO模式，
SM168设置多段包络表的起始位置=0，即包络表从V0开始。

```
SM0.0              ┌─MOV_B─┐
  ┤ ├ ─────────────│EN  ENO│───>
                   │       │
             16#E0─│IN  OUT│─SMB67
                   └───────┘

                   ┌─MOV_W─┐
  ─────────────────│EN  ENO│───>
                   │       │
                0─ │IN  OUT│─SMW168
                   └───────┘
```

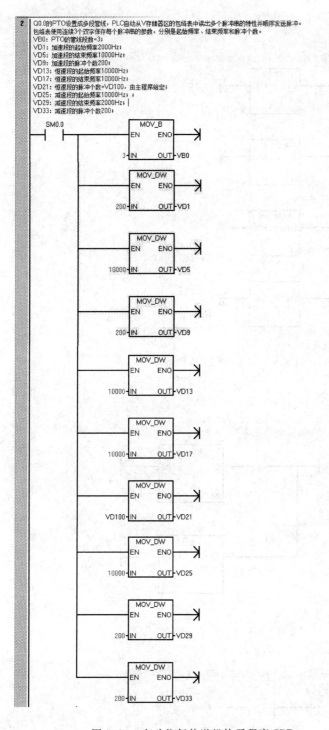

2 Q0.0的PTO设置成多段管线，PLC自动从V存储器区的包络表中读出多个脉冲串的特性并顺序发送脉冲。
包络表使用连续3个双字保存每个脉冲串的参数，分别是起始频率、结束频率和脉冲个数。
VB0: PTO的管线段数=3；
VD1: 加速段的起始频率2000Hz；
VD5: 加速段的结束频率10000Hz；
VD9: 加速段的脉冲个数200；
VD13: 恒速段的起始频率10000Hz；
VD17: 恒速段的结束频率10000Hz；
VD21: 恒速段的脉冲个数=VD100，由主程序给定；
VD25: 减速段的起始频率10000Hz；
VD29: 减速段的结束频率2000Hz；
VD33: 减速段的脉冲个数200；

图 5.14 自动往复传送机构子程序 SBR0

（3）PTO 运行子程序 SBR1。

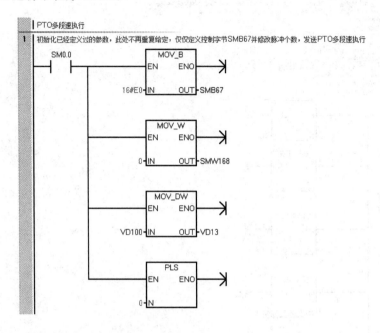

图 5.15 自动往复传送机构子程序 SBR1

（4）PTO 停止子程序 SBR2。

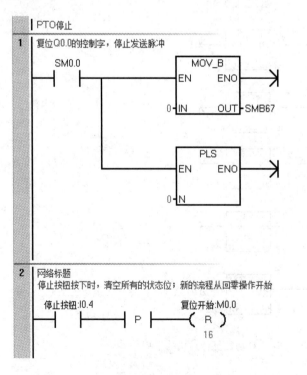

图 5.16 自动往复传送机构子程序 SBR2

5.4.2　案例2：定长切割装置

1. 任务要求

设计一条物料定长切割装置，实现物料自动运输、自动切割。

功能要求：启动按钮按下时，传送带开始传送原料，传送 x 米后暂停，切割机构将原料快速切断，切割完成后，传送带继续传送原料，重复每 x 米切割一次原料的动作。停止按钮按下时，机器会在完成当前操作后停止。急停按钮按下时，机器中止所有运动并立即停止。

2. 系统设计

1）系统方案设计

根据案例的功能要求，定长操作采用步进驱动系统控制皮带线传送机构，实现原料直线运动距离的精确控制。切割操作采用气动元件驱动切割机构，动作快速且具有足够切力，实现刀具垂直动作切断原料。系统的工作机构示意图如图5.17所示。

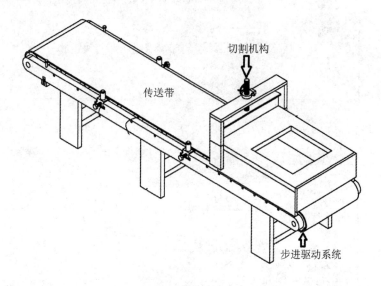

图 5.17　定长切割装置工作机构示意图

结合工作机构的组成情况和系统功能要求，步进驱动控制系统利用运动控制向导，组态1个运动轴的运动控制组件，选择"轴0"、"相对脉冲"、"单相（1个输出）"等参数，并利用 AXISx_GOTO 子例程实现步进驱动系统的定位运动。气动切割机构采用气缸作为动作元件，PLC 的 DO 输出点作为气缸开关信号即可。

根据技术要求，设备选型如表5.8所示。

表 5.8　定长切割装置设备选型

名称	型号规格	说　明
PLC 主机	西门子 SMART ST30	晶体管输出 100 kHz
步进电机	雷赛 57HS22	额定电流 5 A、步距角 1.8°
步进驱动器	雷赛 M545D	二相步进电机驱动器
气缸组件	SMC JMGP - M - 100	薄型导杆气缸

2）运动向导配置

部分主要配置页面如图 5.18～图 5.21 所示，其余配置请参考本书第 3 章 3.5 节的运动控制组态步骤。

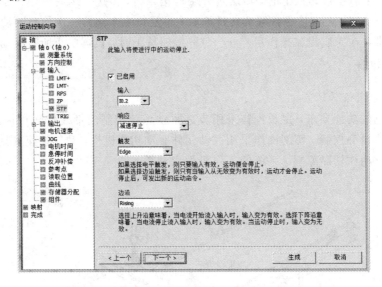

图 5.18　定长切割装置运动轴组态——STP

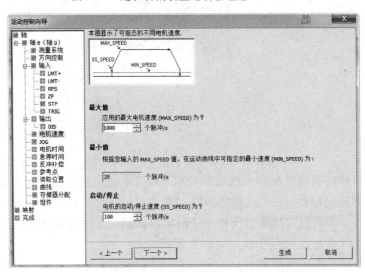

图 5.19　定长切割装置运动轴组态——电机速度

170

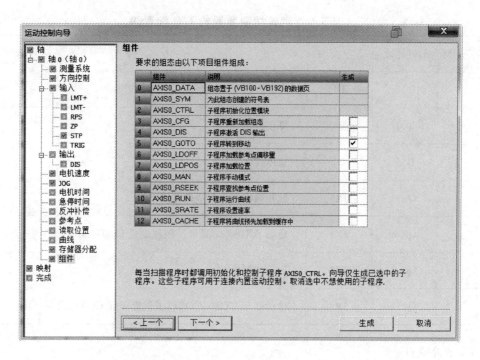

图 5.20　定长切割装置运动轴组态——组件选用

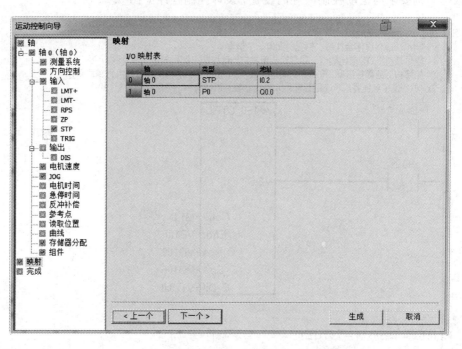

图 5.21　定长切割装置运动轴组态——IO 映射

3）I/O 配置

根据案例要求与运动控制向导的设置，配置 PLC 的输入输出点如表 5.9 所示。

表 5.9　定长切割装置的 I/O 配置表

序号	I/O 地址	I/O 类型	说　明
1	I0.0	DI	启动按钮
2	I0.1	DI	停止按钮
3	I1.2	DI	急停按钮
4	Q0.0	DO	脉冲输出－控制步进电机
5	Q0.2	DO	启动 AXIS0_GOTO 子例程发送 GOTO 命令
6	Q0.3	DO	启动切割机构
7	Q0.4	DO	指示灯－AXIS0_GOTO 子例程完成 GOTO 命令

4）程序设计

根据案例要求与运动控制向导的设置，设计控制程序如图 5.22 所示。

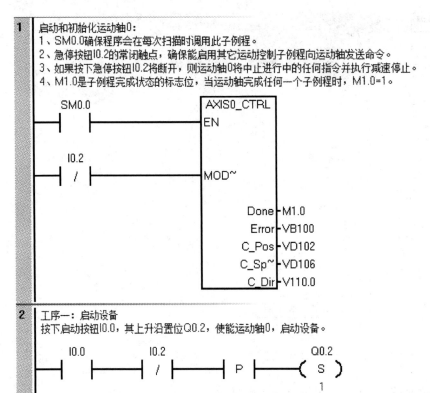

172

3 设置参数：
1、在工序一，启动按钮I0.0的上升沿，接通M0.1，作为AXIS0_GOTO子例程的启动开关；
2、在工序三，T33定时结束，则再次接通M0.1，再次启动AXIS0_GOTO子例程。
3、按下停止按钮I0.1时，断开M0.1，机器继续执行完本次完整工序，然后停止运行。

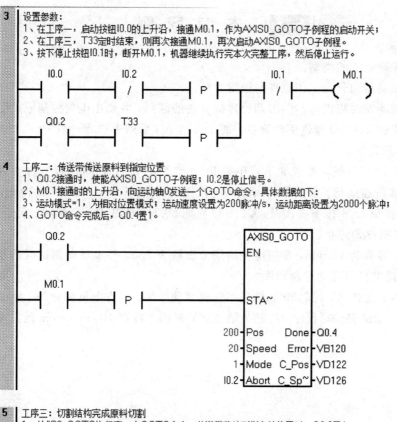

4 工序二：传送带传送原料到指定位置
1、Q0.2接通时，使能AXIS0_GOTO子例程；I0.2是停止信号。
2、M0.1接通时的上升沿，向运动轴0发送一个GOTO命令，具体数据如下：
3、运动模式=1，为相对位置模式；运动速度设置为200脉冲/s，运动距离设置为2000个脉冲；
4、GOTO命令完成后，Q0.4置1。

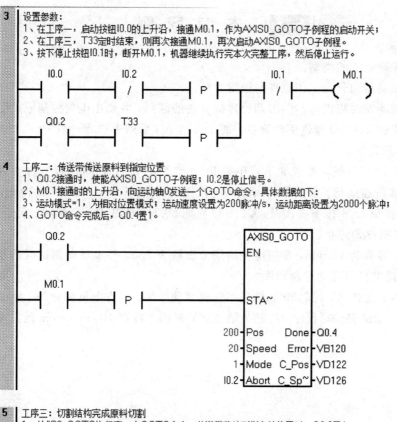

5 工序三：切割结构完成原料切割
1、AXIS0_GOTO执行完一个GOTO命令，传送带移动到指定的位置时，Q0.3置1；
2、切割机构开始动作，同时启动延时接通定时器T33，延时3s以确保完成切割动作。

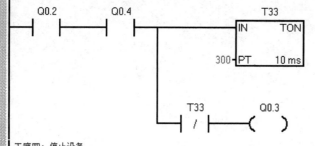

6 工序四：停止设备
1、定时3s时间到，定时器常开触点接通；如停止按钮I0.1被按下，则复位Q0.2，停止运动轴的动作。
2、按下急停按钮I0.2时，复位Q0.2。

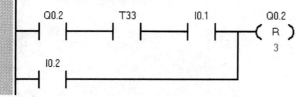

图 5.22 定长切割装置控制程序

—|5.5|— 本 章 习 题

1. 简述常见步进电机的类型。

2. 简述步进驱动器细分的工作原理与设置方法。

3. 简述步进驱动器共阳极与共阴极两种连接方法的区别，并给出电气控制原理图。

4. 现有一套雷赛 M545D 步进驱动设备，请在台达 AS 系列中选型一款 PLC 产品，并设计系统电气控制原理图。

5. 请设计一个控制系统，要求如下：开关 I0.0 与按钮 I0.1 共同控制一台步进电机（Q0.0 输出脉冲）多段速运行。开关 I0.0 闭合时，按钮 I0.1 按下 1 次，Q0.0 以 10 Hz 频率发出 200 个脉冲；按钮 I0.1 按下 2 次时，Q0.0 以周期 50 Hz 发出 400 个脉冲。无论何时，开关 I0.0 断开，电机立即停止。

6. 滚珠丝杆的导程为 10 mm，步进电机的细分设置为 800，要求点动调试时的速度为 10 mm/s，设计步进电机的点动控制程序。

7. 现有一个 XY 工作台，X 轴和 Y 轴采用步进驱动系统，步进电机细分是 1200，滚珠丝杆导程都是 5 mm，试着编写程序，控制 Z 轴在 XY 平面上按照 10 cm×8 cm 的方形轨迹进行连续运动。

第6章

伺服运动控制

⊢6.1⊢认识伺服电机

本节学习目标

（1）了解伺服电机的工作原理；

（2）了解伺服电机的类型与工作参数。

伺服电机是一种绝对服从控制信号指挥的电机，表现为在控制信号发出之前，电机转子静止不动；当控制信号发出时，电机转子立即转动；当控制信号消失时，电机转子即时停转。伺服电机之所以得名，就是因为这一绝对服从控制信号的特点。目前伺服电机已经成为高精度、高响应速度、高性能运动控制系统的主要执行电机，其常见类型的实物如图 6.1所示。

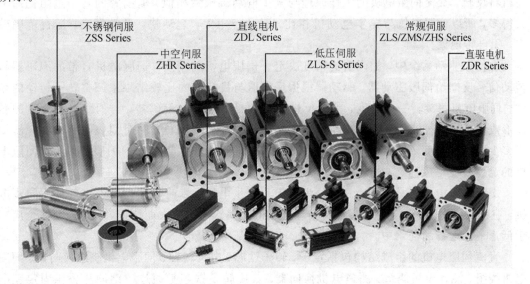

图 6.1 伺服电机实物展示

伺服电机分为交流伺服电机和直流伺服电机，一般都由定子和转子构成。交流伺服电机的内部结构如图 6.2 所示。

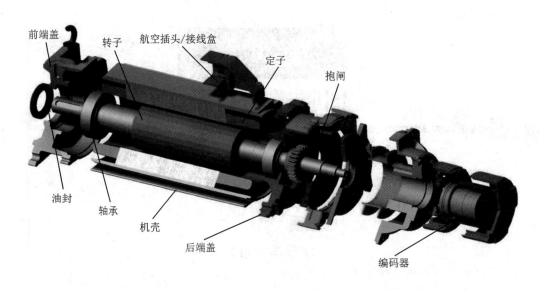

图 6.2 伺服电机内部结构组成示意图

交流伺服电机定子上具有两个在空间相差 90°电角度的绕组，一个是励磁绕组 R_f，它始终接在交流电压 U_f 上；另一个是控制绕组 L，连接控制信号电压 U_c。伺服电机内部的转子是永磁铁，驱动器控制的三相电形成电磁场，伺服电机转子在此电磁场的作用下转动。交流伺服电机在没有控制电压时，定子内只有励磁绕组产生的脉动磁场，转子静止不动。当有控制电压时，定子内便产生一个旋转磁场，转子沿旋转磁场的方向旋转。在负载恒定的情况下，伺服电机的转速随控制电压的大小而变化，当控制电压的相位相反时，伺服电动机将反转。交流伺服电机的工作原理与异步电动机虽然相似，但前者的转子电阻比后者大得多，所以伺服电机与异步电动机相比，起动转矩大，起动快，灵敏度高，运行范围较广，无自转现象。

在伺服驱动系统中，编码器的精度决定了伺服电机的精度。伺服电机自带的编码器将转动信号反馈给伺服驱动器，驱动器根据反馈值与目标值的比较结果来调整转子转动的角度。伺服电机每旋转一个角度，都会反馈对应数量的脉冲给编码器，与伺服电机接受的脉冲形成闭环，伺服控制系统就会知道发了多少脉冲给伺服电机，同时伺服电机又实际转动了多少个脉冲角度，就能够很精确地控制电机的转动。依靠高精度的伺服编码器，伺服电机的定位精度可达到 0.001 mm。

交流伺服电机也是无刷电机，分为同步和异步电机，目前运动控制中一般都用同步电机，它的功率范围大，惯量大，最高转动速度低且随着功率增大而快速降低，因而适合应用于低速平稳运行的场景中。

直流伺服电机的组成结构包括定子、转子铁芯、电机转轴、伺服电机绕组换向器、伺服电机绕组、测速电机绕组、测速电机换向器，其中转子铁芯是通过矽钢冲片叠压固定在电机转轴上得到的。直流电机可以进行良好且精确的速度控制，还可以在整个速度区内实现平滑控制，几乎没有任何振荡，效率高，不发热。直流伺服电机分为无刷和有刷电机。无刷直流伺服电机体积小，重量轻，出力大，响应快，速度高，惯量小，转动平滑，力矩稳定。

控制复杂，容易实现智能化，其电子换相方式灵活，可以进行方波换相或正弦波换相。电机免维护，效率很高，运行温度低，电磁辐射很小，寿命长，可用于各种环境。有刷直流伺服电机成本低，结构简单，启动转矩大。调速范围宽，控制容易，但需要维护。维护较为方便（换碳刷），会产生电磁干扰，对环境有要求。因此它可以用于成本较高的普通工业和民用场合。

交流伺服电机和直流伺服电机在功能方面比较起来，交流伺服要好一些，因为交流伺服是正弦波控制，转矩脉动小，而直流伺服是梯形波。但直流伺服的优势就在于系统构成比较简单，价格便宜。

伺服电机与步进电机作为运动控制系统的主要执行元件，在控制方式方面相似（脉冲串和方向信号），但在使用性能和应用场合方面存在着较大的差异。伺服电机与步进电机性能比较如表 6.1 所示。

表 6.1　伺服电机与步进电机性能比较

性能参数	伺服电机	步进电机
速度	≥3000 r/min	<1000 r/min
转矩	中小（<20 N·m）	全范围
控制模式	位置/速度/转矩	位置/速度
精度	高（编码器决定）	一般（硬件结构决定）
运动平滑性	平滑	低速时振动
转矩特性	额定转速时，转矩稳定	高速时，转矩下降快
过载能力	额定值的 3 倍左右	容易失步
原点	自动找原点	不能自行找原点
堵转	过载报警自动释放转矩	憋停

1）控制精度不同

二相混合式步进电机步距角一般为 1.8°、0.9°，五相混合式步进电机步距角一般为 0.72°、0.36°。也有一些高性能的步进电机通过细分后步距角更小。如山洋公司（SANYO DENKI）生产的二相混合式步进电机，其步距角可通过拨码开关设置为 1.8°、0.9°、0.72°、0.36°、0.18°、0.09°、0.072°、0.036°，兼容了二相和五相混合式步进电机的步距角。

交流伺服电机的控制精度由电机轴后端的旋转编码器决定。以山洋全数字式交流伺服电机为例，对于带标准 2000 线编码器的电机而言，由于驱动器内部采用了四倍频技术，其脉冲当量为 $360°/8000 = 0.045°$。对于带 17 位编码器的电机而言，驱动器每接收 131072 个脉冲，电机转一圈，即其脉冲当量为 $360°/131072 = 0.0027466°$，是步距角为 1.8°的步进电机脉冲当量的 1/655。

2）低频特性不同

步进电机在低速时易出现低频振动现象。振动频率与负载情况和驱动器性能有关，一般认为振动频率为电机空载启动频率的一半。这种因步进电机的工作原理所产生的低频振动现象对于机器的正常运转非常不利。当步进电机低速工作时，一般应采用阻尼技术来克服低频振动现象，比如在电机上加阻尼器，或在驱动器上采用细分技术等。

交流伺服电机运转非常平稳，即使在低速时也不会出现振动现象。交流伺服系统具有共振抑制功能，可应用于刚性不足的机械系统，并且系统内部具有频率解析机能，可检测出机械的共振点，便于系统调整。

3）矩频特性不同

步进电机的输出力矩随转速升高而下降，且在较高转速时会急剧下降，所以其最高工作转速一般在 $300\sim600$ r/min 的范围内。交流伺服电机为恒力矩输出，即在其额定转速（一般为 2000 r/min 或 3000 r/min）以内，都能输出额定转矩；在其额定转速以上为恒功率输出。

4）过载能力不同

步进电机一般不具有过载能力，而交流伺服电机具有较强的过载能力。比如山洋交流伺服系统，它具有速度过载和转矩过载能力。其最大转矩为额定转矩的二到三倍，可用于克服惯性负载在启动瞬间的惯性力矩。因为步进电机没有这种过载能力，在选型时为了克服这种惯性力矩，往往需要选取较大转矩的电机，而机器在正常工作期间又不需要那么大的转矩，便出现了力矩浪费的现象。

5）运行性能不同

步进电机的控制为开环控制，启动频率过高或负载过大易出现丢步或堵转的现象，停止时转速过高易出现过冲的现象，所以为保证其控制精度，应处理好升、降速问题。交流伺服驱动系统为闭环控制，驱动器可直接对电机编码器反馈信号进行采样，内部构成位置环和速度环，一般不会出现步进电机的丢步或过冲的现象，使控制性能更为可靠。

6）速度响应性能不同

步进电机从静止加速到工作转速（一般为每分钟几百转）需要 $200\sim400$ ms。交流伺服系统的加速性能较好，例如，山洋 400 W 交流伺服电机，从静止加速到其额定转速 3000 r/min 仅需几毫秒，可用于要求快速启停的控制场合。

综上所述，交流伺服系统在许多性能方面都优于步进电机，但在一些要求不高的场合也经常用步进电机来做执行电动机。所以，在控制系统的设计过程中要综合考虑控制要求、成本等多方面的因素，选用适当的控制电机。

┤6.2├ 伺服驱动器

本节学习目标

（1）了解伺服驱动器的结构；
（2）了解伺服驱动器的控制模式及其应用。

伺服驱动器（servo drives）又称为"伺服控制器"、"伺服放大器"，是用来控制伺服电机的一种控制器，其作用类似于变频器作用于普通交流马达，属于伺服系统的一部分，主要

应用于高精度的定位系统。伺服驱动器与伺服电机共同组成的伺服系统，具备以下优点：高精度的位置控制、高速定位控制、良好的机械性能、强抗干扰能力。伺服驱动器一般是通过位置、速度和力矩三种方式对伺服电机进行控制，实现高精度的运动控制系统定位、转矩与速度调节。当前交流伺服驱动器设计中普遍采用基于矢量控制的电流、速度、位置 3 闭环控制算法，如图 6.3 所示。

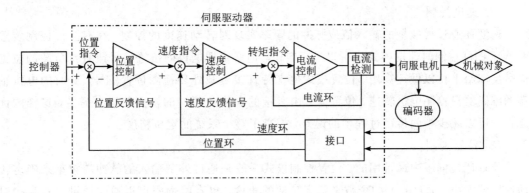

图 6.3　伺服控制三闭环回路

所谓三环，就是控制框图中所示的 3 个闭环负反馈 PID 调节系统。

（1）电流环。

电流环是位于伺服控制系统最里面的 PID 环。电流环完全在伺服驱动器内部进行，通过霍尔装置检测驱动器发给伺服电机的各相输出电流，并负反馈给电流的设定值进行 PID 调节，从而达到输出电流尽量接近于设定电流。电流环的本质是控制电机转矩，所以在转矩模式下驱动器的运算量最小，动态响应最快。

（2）速度环。

速度环通过伺服电机编码器的信号来进行负反馈 PID 调节。速度环控制包含了速度环和电流环，速度环的 PID 输出是电流环的设定。因此，电流环是控制的根本，在速度和位置控制的同时系统实际也在进行电流（转矩）的控制以达到对速度和位置的相应控制。

（3）位置环。

位置环位于伺服控制系统的最外环。可以在驱动器和电机编码器间构建，也可以在驱动器和机械对象输出间构建。位置控制环内部输出是速度环的设定，在位置控制模式下，伺服控制系统要进行所有 3 个环的运算，此时的系统运算量最大，动态响应速度也最慢。

上述算法中，速度闭环设计合理与否对于整个伺服控制系统，特别是速度控制性能的发挥起着关键作用。

根据不同控制系统的需求，伺服系统一般有三种控制模式可供选择：转矩控制模式、速度控制模式和位置控制模式。

（1）转矩控制。

电流环通过外部模拟量的输入或直接的地址赋值来设定电机轴对外输出的转矩大小，具体控制模式表现为：若 10 V 对应 5 N·m，当外部模拟量设定为 5 V 时电机轴输出为 2.5 N·m；如果电机轴负载低于 2.5 N·m 时电机正转，等于 2.5 N·m 时电机不转，大于 2.5 N·m 时电机反转（通常在有重力负载情况下产生）。可以通过即时的改变模拟量的设定来改变设定的力矩大小，也可通过通讯方式改变对应的地址的数值来实现。转矩控制主要应用在对材质的受力有严格要求的缠绕和放卷的装置中，例如绕线装置或拉光纤设备，转矩的设定要根据缠绕半径的变化随时更改，以确保材质的受力不会随着缠绕半径的变化而改变。

（2）速度控制。

速度环通过模拟量的输入值或脉冲的频率实现对转动速度的控制。在有上位控制装置的外环 PID 控制时速度模式也可以进行定位，但必须把电机的位置信号或直接负载的位置信号反馈给上位以做运算用。位置模式也支持直接负载外环检测位置信号，此时的电机轴端的编码器只检测电机转速，位置信号由直接的最终负载端的检测装置来提供，这样的优点在于可以减少中间传动过程中的误差，提高了整个系统的定位精度。

（3）位置控制。

位置环是伺服中最常用的。位置控制模式一般是通过外部输入的脉冲的频率来确定转动速度的大小，通过脉冲的个数来确定转动的角度，也有些伺服可以通过通讯方式直接对速度和位移进行赋值。由于位置模式可以对速度和位置都有很严格的控制，所以一般应用于定位装置。应用领域包括数控机床、印刷机械等等。

（4）三种控制模式的对比。

如果对电机的速度、位置都没有要求，只需输出一个恒转矩，当然是用转矩模式。如果对位置和速度有一定的精度要求，而对实时转矩不是很关心，用转矩模式不太方便，用速度或位置模式比较好。如果上位控制器有比较好的闭环控制功能，用速度控制效果会好一点。如果本身要求不是很高，或者基本没有实时性的要求，则用位置控制方式，它对上位控制器没有很高的要求。就伺服驱动器的响应速度来看，转矩模式运算量最小，驱动器对控制信号的响应最快；位置模式运算量最大，驱动器对控制信号的响应最慢。对运动中的动态性能有比较高的要求时，需要实时对电机进行调整。那么如果控制器本身的运算速度很慢（比如 PLC，或低端运动控制器），就用位置方式控制。如果控制器运算速度比较快，可以用速度方式，把位置环从驱动器移到控制器上，减少驱动器的工作量，提高效率（比如大部分中高端运动控制器）。如果有更好的上位控制器，还可以用转矩方式控制，把速度环也从驱动器上移开，这一般只是对于高端专用控制器才能做此操作，而且，这时完全不需要使用伺服电机。

目前主流的伺服驱动器均采用数字信号处理器（DSP）作为控制核心，可以实现比较复杂的控制算法，实现数字化、网络化和智能化。功率器件普遍采用以智能功率模块（IPM）为核心设计的驱动电路。IPM 内部集成了驱动电路，同时具有过电压、过电流、过热、欠压等故障检测保护电路；在主回路中还加入软启动电路，以减小启动过程对驱动器的冲击。功率驱动单元首先通过三相全桥整流电路对输入的三相电或者市电进行整流，得到相应的直流电。经过整流好的三相电或市电，再通过三相正弦 PWM 电压型逆变器变频来驱动三相永磁型同步交流伺服电机。功率驱动单元的整个过程简单来说就是 AC-DC-AC 的过程。

整流单元(AC-DC)主要的拓扑电路是三相全桥不控整流电路。伺服驱动器的内部结构框图如图 6.4 所示。

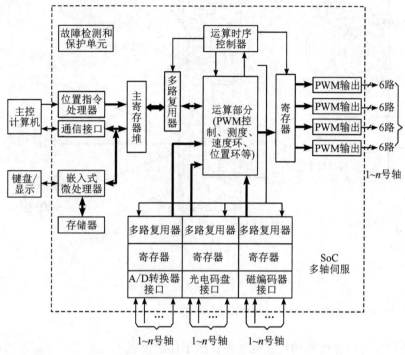

图 6.4　伺服驱动器内部结构示意图

┤6.3├ 伺服运动控制系统的电气连接

本节学习目标

(1) 掌握伺服驱动器与伺服电机的连接方法;

(2) 掌握伺服驱动器与控制器的连接方法;

(3) 熟悉伺服驱动器引脚类型与功能;

(4) 熟悉伺服驱动器控制信号的模式。

本节以欧姆龙伺服系统为例说明伺服运动控制系统的硬件组成及其电气连接方法。

伺服运动控制系统的硬件组态一般包括伺服电机、伺服驱动器和伺服控制器,另外根据需要还可以有监控上位机、RS485 通信设备等,如图 6.5 所示。

第 6 章　伺服运动控制

181

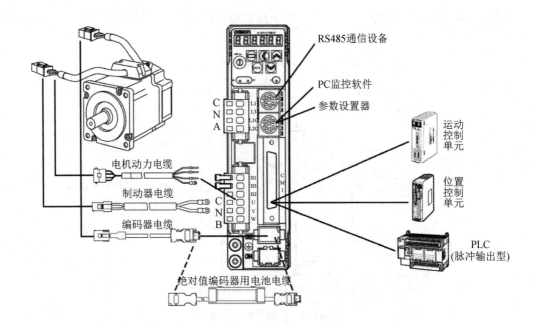

图 6.5　欧姆龙伺服系统电气连接示意图

6.3.1　伺服驱动器与伺服电机的电气连接

伺服驱动器与伺服电机的连接既要保证给予伺服电机动力驱动，还要与伺服电机的编码器组成反馈控制回路，如图 6.6 所示。

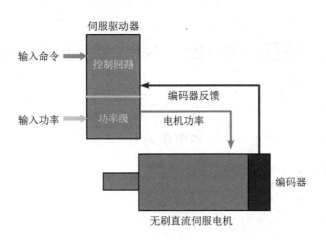

图 6.6　伺服驱动器与伺服电机电气连接示意图

图 6.7 所示为欧姆龙 G 系列交流伺服驱动器的实物面板及其功能接口。

如图 6.7 所示，伺服驱动器与伺服电机连接时，通常需要连接电源输入端子（CNA 端子）、电机连接端子（CNB 端子）和电机编码器连接端子（CN2 端子）。

欧姆龙 G 系列伺服驱动器的 CNA 端子和 CNB 端子引脚配置如表 6.2、表 6.3 所示。

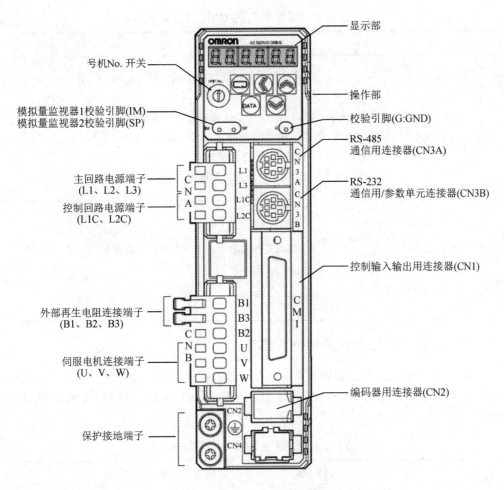

图 6.7 欧姆龙(OMRON)R88D-GT02H 伺服驱动器

表 6.2 伺服驱动器 CNA 引脚配置

符号	名称	功 能
L1	主回路电源输入	R88D-GT□L(50~400 W)：单相 AC100~115 V(85~127 V)50/60 Hz
L2		R88D-GT□H-Z(100 W~1.5 kW)：单相 AC200~240 V(170~264 V)50/60 Hz
		(750 W~7.5 kW)：三相 AC200~240 V(170~264 V)50/60 Hz
L3		
L1C	控制回路电源输入	R88D-GT□L：单相 AC100~115 V(85~127 V)50/60 Hz
L2C		R88D-GT□H-Z：单相 AC200~240 V(170~264 V)50/60 Hz

表 6.3　伺服驱动器 CNB 引脚配置

符号	名称	功　能
B1		50～400 W：通常不需要接线。再生能量较大时,可在 B1‑B2 间连接外部再生电阻
B2	外部再生电阻连接端子	750 W～5 kW：通常 B2‑B3 间为短路。再生能量较大时可除去 B2‑B3 间的短路条,在 B1‑B2 间连接外部再生电阻
B3		6 kW、7.5 kW：再生电阻无需内置 根据需要,在 B1‑B2 间连接外部再生电阻
U		红
V	电机连接端子	白　　这些为输出到伺服电机的端子,确保正确连接这些端子
W		蓝
⏚		绿/黄
⏚	机架地线	这是接地端子。D 种接地(3 级接地)以上

6.3.2　伺服驱动器与控制器的电气连接

伺服驱动器与 PLC 等控制器连接时,是通过控制输入输出端子(CN1 端子)来接收控制器发来的指令脉冲信号的。欧姆龙 G 系列伺服驱动器 CN1 引脚的详细配置如表 6.4 所示。

表 6.4　伺服驱动器 CN1 引脚配置

引脚编号	引脚名称	功　能	引脚编号	引脚名称	功　能
1	+24 V CW	指令脉冲用 24 V,集电极开路输入	8	NOT	反转驱动,禁止输入
2	+24 V CCW	指令脉冲用 24 V,集电极开路输入	9	POT	正转驱动,禁止输入
3	+CW/+PULS/+FA	反转脉冲,进给脉冲,90°相位差信号(A 组)	10	BKIRCOM	制动器联锁输出
4	−CW/−PULS/−FA	反转脉冲,进给脉冲,90°相位差信号(A 相)	11	BKIR	制动器联锁输出
5	+CCW/+SIGN/+FB	正转脉冲,正反向信号,90°相位差信号(B 相)	12	OUTM1	通用输出 1
6	−CCW/−SIGN/−FB	正转脉冲,正反向信号,90°相位差信号(B 组)	13	SENGND	接地公共端
7	+24VIN	DC12～24 V,电源输入	14	REF/TREF/VLIM	速度指令输入,转矩指令输入,速度限制输入

引脚编号	引脚名称	功　能	引脚编号	引脚名称	功　能
15	AGND	模拟量，输入接地	29	RUN	运转指令
16	PCL/TREF	正转转矩，限制输入，转矩指令输入	30	ECRST/VSEL2	偏差计数器复位输入，内部设定速度选择 2
17	AGND	模拟量，输入接地	31	RESET	报警复位输出
18	NCL	反转转矩，限制输入	32	TVSEL	控制模式，切换输入
19	Z	Z 相输出，（集电极开路）	33	IPG/VSEL1	脉冲禁止输入，内部设定速度选择 2
20	SEN	传感器，打开输入	34	READYCOM	伺服准备，完成输出
21	＋A	编码器，A 相＋输出	35	READY	伺服准备，完成输出
22	－A	编码器，A 相－输出	36	ALMCOM	报警输出
23	＋Z	编码器，Z 相＋输出	37	/ALM	报警输出
24	－Z	编码器，Z 相－输出	38	INPCOM/TGONCOM	定位完成输出，电机转速检测用公共端
25	ZCOM	Z 相输出，（集电极开路）共用	39	INP/TGON	定位完成输出，电机转速检测输出
26	VZERO/DFSEL/PNSEL	零速度指定输入，制振滤波器切换，速度指令旋转方向切换	40	OUTM2	通用输出 2
27	GSEL/TLSEL	增益切换，转矩限制切换	41	COM	通用输出，公共端
28	GESEL/VSEL3	电子齿轮切换，内部设定速度选择 3	42	RAT	绝对值编码器用备用电池输入

引脚编号	引脚名称	功 能	引脚编号	引脚名称	功 能
43	BATGND	绝对值编码器用备用电池输入	47	−CCWLD	正转脉冲，（线性驱动专用输入）
44	+CWLD	反转脉冲，（线性驱动专用输入）	48	−B	编码器，B相−输出
45	−CWLD	反转脉冲，（线性驱动专用输入）	49	+B	编码器，B相+输出
46	+CCWLD	正转脉冲，（线性驱动专用输入）	50		*

通常，伺服驱动器提供了三种运动控制模式，即位置模式、速度模式和转矩模式，可以通过伺服驱动器的参数设定值来切换控制模式。以伺服驱动器工作在位置模式为例，PLC（如 SMART ST30）等控制器发出脉冲串，伺服驱动器通过输入端子（CN1 引脚 3～6 或引脚 44～47）接受脉冲串并按照位置控制模式进行信号处理，伺服电机以脉冲串与电子齿轮比的乘积进行旋转运动，如图 6.8 所示。

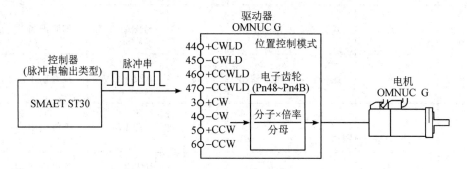

图 6.8　伺服系统位置控制模式的 CN1 端子连接

通常，运动控制的脉冲输入回路有 3 种方式（参见 6.4.2 小节的案例 2）：

(1) 差动输入方式：脉冲输入最大频率 500 kHz。

(2) 集电极开路输入方式：脉冲输入最大频率 200 kHz。

(3) 高速差动输入方式：脉冲输入最大频率 4 MHz。

如图 6.8 所示，欧姆龙 G 系列伺服驱动器使用引脚 3～6 作为差动输入和集电极开路输入两种方式的输入端子，使用引脚 44～47 作为高速差动输入方式的输入端子。

通常，指令脉冲有 3 种模式：AB 相正交脉冲模式（90°相位差信号）、正反转脉冲模式、脉冲＋方向模式，可以通过伺服驱动器参数设置选择指令脉冲模式。以欧姆龙 G 系列伺服驱动器为例，可以通过修改"指令脉冲旋转方向切换（Pn41）"及"指令脉冲模式（Pn42）"这两个参数的设定值进行功能切换。指令脉冲与输入引脚的功能如表 6.5 所示。

表 6.5　伺服驱动器输入引脚与指令脉冲

Pn41设定值	Pn42设定值	指令脉冲模式	输入引脚	电机正转指令的情况下	电机反转指令的情况下
0	0/2	90°相位差信号（1倍频）	3：+FA　44：+FA 4：-FA　45：-FA 5：+FB　46：+FB 6：-FB　47：-FB	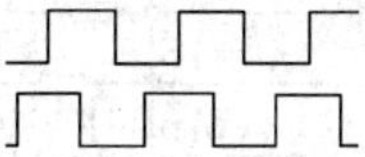 （波形）	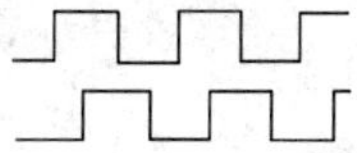 （波形）
	1	反转脉冲/正转脉冲	3：+CW　44：+CW 4：-CW　45：-CW 5：+CCW　46：+CCW 6：-CCW　47：-CCW	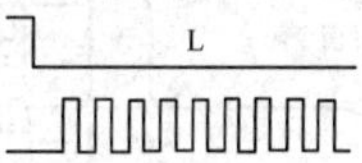 （波形 L）	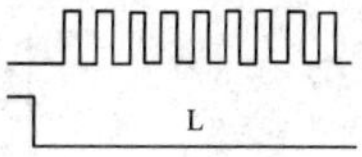 （波形 L）
	3	进给脉冲/正反向信号	3：+PULS　44：+PULS 4：-PULS　45：-PULS 5：+SIGN　46：+SIGN 6：-SIGN　47：-SIGN	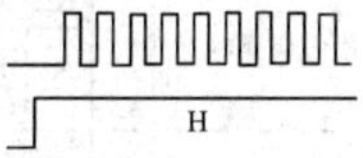 （波形 H）	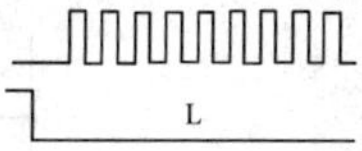 （波形 L）
1	0/2	90°相位差信号（1倍频）	3：+FA　44：+FA 4：-FA　45：-FA 5：+FB　46：+FB 6：-FB　47：-FB	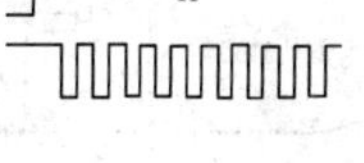 （波形）	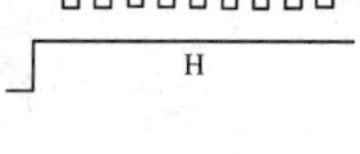 （波形）
	1	反转脉冲/正转脉冲	3：+CW　44：+CW 4：-CW　45：-CW 5：+CCW　46：+CCW 6：-CCW　47：-CCW	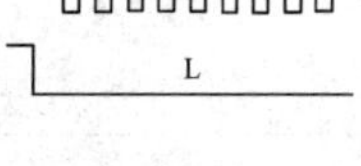 （波形 H）	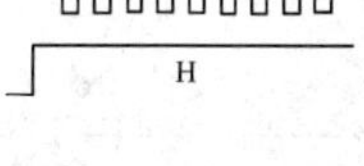 （波形 H）
	3	进给脉冲/正反向信号	3：+PULS　44：+PULS 4：-PULS　45：-PULS 5：+SIGN　46：+SIGN 6：-SIGN　47：-SIGN	（波形 L）	（波形 H）

以欧姆龙 G 系列伺服驱动器为例，伺服驱动器的 CN1 端子输入输出引脚在位置控制模式下的标准电气连接方法如图 6.9 所示。

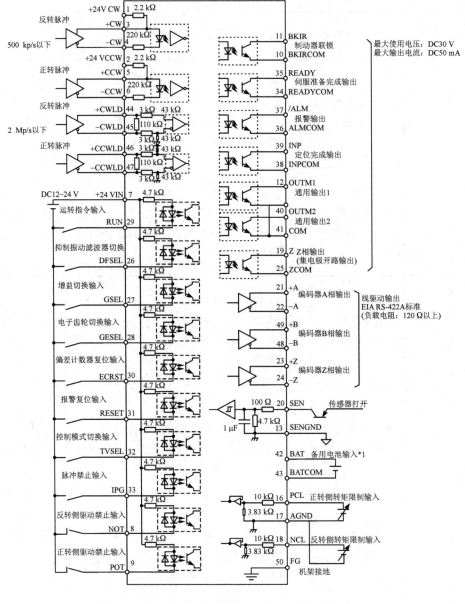

图 6.9　伺服驱动器位置控制模式下的 CN1 标准连接方法

6.4　伺服运动控制系统案例

本节学习目标

（1）掌握伺服运动控制系统的整体设计方法；

（2）掌握伺服运动控制的常用指令；

（3）掌握伺服运动控制系统的向导组态。

6.4.1 案例1：回转定位机械手

1. 任务要求

设计一个流水线装配机械手的运动控制系统，能够通过底盘做360°圆周运动并精确快速地定位到圆形工作台的工位，并能够按照工艺要求自动地在各工位间移动。

功能要求：项目工艺布局及工序要求如图6.10所示。按下启动按钮后，机械手自动回到原点位置。接下来按照顺序完成4个工序：机械手从原点旋转到工位1，从工位1旋转到工位2，从工位2旋转到工位3，从工位3旋转到工位1。重复执行以上4个工序。当停止按钮按下时，机械手立即停止在当前位置。

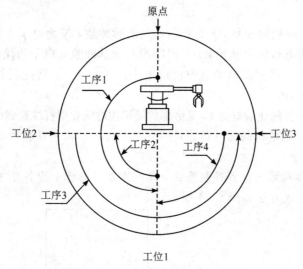

图 6.10 回转定位机械手工艺布局及工序流程图

要求设计出安全可靠、性价比好、易用性高的控制系统方案，并给出系统的设计图纸和控制程序。

2. 技术要求

（1）工件外形尺寸：圆柱体，直径30 mm，高20 mm。

（2）回原点方式：系统启动按钮按下后自动回原点，通过接近开关固定原点位置。

（3）传送方式：采用蜗轮蜗杆减速传动方式，减速比为30∶1，做圆周运动。

（4）控制系统：采用PLC控制器的伺服系统。

（5）控制模式：手动启停按钮，机械手工作过程由PLC自动控制。

3. 系统设计

1）总体方案设计

本案例采用PLC、蜗轮蜗杆减速器、伺服电机及其驱动器来实现机械手的回转精准定位控制，达到精确控制机械手旋转角度的要求。具体设备型号如表6.6所示。

表6.6　回转定位机械手的设备型号

名称	型号规格	说　明
PLC主机	西门子 SMART ST30	晶体管输出100 kHz
伺服电机	欧姆龙 R88M-G20030H-S2-Z	单相AC200V 3000 r/min 200 W 增量编码器
伺服驱动器	欧姆龙 R88D-GT02H-Z	单相AC220V 200W
减速器	NMRV025 减速比30∶1	铝合金 蜗轮蜗杆减速器

本项目选用的欧姆龙G20030H伺服电机配置的是2500 p/r的增量编码器，分辨率是10 000，A、B相输出为2500脉冲/转，Z相输出为1脉冲/转。伺服驱动器对编码器A/B相信号的上升沿和下降沿各计数1次，即所谓的"4倍频"，因此伺服电机编码器的分辨率为2500×4 = 10 000。也就是说PLC等控制器向伺服驱动器发出10 000个脉冲，伺服电机转动一圈。

伺服驱动器内部有"电子齿轮比"，一般由"电子齿轮比分子"和"电子齿轮比分母"两个参数构成，通过这个电子齿轮比能够调节伺服电机转动一圈所需的脉冲数量。其计算公式表示为：

$$F = \frac{N}{M} \times f$$

式中，F为伺服电机位置脉冲数，f为控制器发出脉冲数，N为电子齿轮比分子，M为电子齿轮比分母，即伺服电机位置脉冲数 = 控制器发出脉冲数×电子齿轮比。例如伺服电机编码器分辨率为10 000，在伺服驱动器中设定电子齿轮比为5，则控制器发出2000个脉冲，伺服电机即可转动一圈。

本案例中，电子齿轮比设置为1，又考虑传动机构的蜗轮蜗杆减速器的减速比是30∶1，因此最终得到本案例伺服电机的脉冲数为：10 000×30 = 300 000脉冲/转。

2）电气控制设计

本案例的伺服驱动采用位置控制模式，参照本章6.3节，设计出本案例的伺服控制系统电气原理图，其接线方法如图6.11所示。

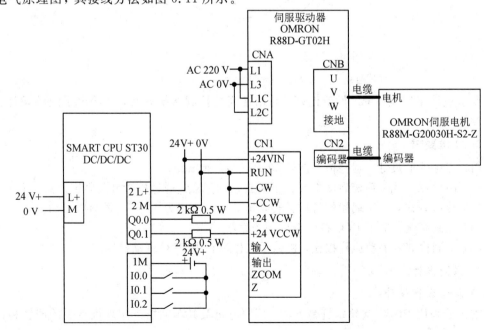

图6.11　回转定位机械手电气控制原理图

图中，伺服驱动器的控制信号采用 24 V 集电极开路输入方式和正反转指令脉冲模式，1 号引脚"+24VCW"、2 号引脚"+24VCCW"分别与 SMART 的高速输出端 Q0.0、Q0.1 相连，之间接入 2 kΩ 的限流电阻(若伺服驱动器内部已经有限流电阻，可以不用)，4 号引脚"－CW"和 6 号引脚"－CCW"接 DC 24V 控制电源的 0 V。伺服驱动器通过上述引脚接收 PLC 发出的正、反向脉冲指令信号，控制伺服电机的正、反转。

3) I/O 配置

根据案例工艺要求与电气控制原理图，配置 PLC 的输入输出点及控制程序状态位如表 6.7 所示。

表 6.7　回转定位机械手的 I/O 配置表

序号	I/O 地址	I/O 类型	说　　明
1	I0.0	DI	启动按钮
2	I0.1	DI	停止按钮
3	I0.2	DI	原点位置开关
4	Q0.0	DO	集电极开路正转脉冲
5	Q0.1	DO	集电极开路反转脉冲
6	M0.0	中间寄存器位	原点状态位
7	M1.0	中间寄存器位	工序开始状态位
8	M1.1	中间寄存器位	工序 1 状态位
9	M1.2	中间寄存器位	工序 2 状态位
10	M1.3	中间寄存器位	工序 3 状态位
11	M1.4	中间寄存器位	工序 4 状态位

4) 程序设计

根据工艺要求可知，机械手需要在 3 个工位之间运动，共有 4 个工序的运动控制，分别是：工序 1(原点→工位 1)、工序 2(工位 1→工位 2)、工序 3(工位 2→工位 3)、工序 4(工位 3→工位 1)。同时，为了确保运动的准确性，在启动工序流程之前，系统设置一个原点位置作为工序流程的起点，因此需要有 1 个机械手回原点的运动控制；命令机械手结束运行时，还要有 1 个立即停止的运动控制。此外，PTO 采用多段管线模式，需要建立 1 个参数初始化子程序提供运动参数。

综合以上的因素，程序整体结构采用结构化设计模式，将每一个运动控制都设计为一个子程序，通过主程序中的逻辑控制来实现各运动控制流程的协调动作。整体程序结构包括：主程序、回原点子程序、工序 1 子程序、工序 2 子程序、工序 3 子程序、工序 4 子程序、停止子程序和初始化子程序。

(1) 主程序 Main 如图 6.12 所示。

程序功能：PLC控制欧姆龙伺服，经过减速机驱动机械手底盘旋转定位。
PLC：西门子Smart CPU ST30晶体管输出
伺服控制器：欧姆龙R88D-GT02H-Z
伺服电机：欧姆龙R88M-G20030H-S2-Z
减速机：蜗轮蜗杆减速机，减速比30:1

1 初次扫描运行或者启动按钮按下时，复位中间状态位并调用回原点子程序

```
   SM0.1                            ┌─────────────┐
   ──┤ ├──────────────┬────────────┤ 回原点程序   │
                      │            │ EN          │
                      │            └─────────────┘
   I0.0               │             M0.0
   ──┤ ├────┤ P ├─────┘            ─( R )─
                                      16
```

2 到原点时，位置开关接通，立即停止机械手。
或者，按下停止按钮时，立即停止机械手。

```
   I0.2                            ┌─────────────┐
   ──┤ ├────┤ P ├─────┬───────────┤ 停止程序     │
                      │           │ EN          │
   I0.1               │           └─────────────┘
   ──┤ ├────┤ P ├─────┘
```

3 到原点时，将原点状态位置1。

```
   I0.2                      M0.0
   ──┤ ├────┤ P ├──────────( S )─
                              1
```

4 到原点后，调用初始化程序对工序的运行参数进行设置，并置位M1.0准备启动工序。

```
   M0.0                      M1.0
   ──┤ ├────┤ P ├────┬─────( S )─
                     │        1
                     │     ┌─────────────┐
                     └─────┤ 初始化程序   │
                           │ EN          │
                           └─────────────┘
```

5 工序之间的转换由定时器触发，原点到启动工序1之间间隔2s。

```
   M1.0              ┌────────────┐
   ──┤ ├─────────────┤IN    T40   │
                     │        TON │
               20────┤PT   100 ms │
                     └────────────┘
```

6 T40定时到，置位工序1状态位，复位工序开始状态位；
或者，工序4完成后且延时5s后，置位工序1状态位，复位工序4状态位，循环执行工序1-2-3-4。

```
   M1.0      T40            M1.1
   ──┤ ├────┤ ├──────┬────( S )─
                     │       1
   M1.4      T44     │      M1.0
   ──┤ ├────┤ ├──────┤    ─( R )─
                     │       1
                     │      M1.4
                     └────  ( R )─
                             1
```

智能运动控制基础

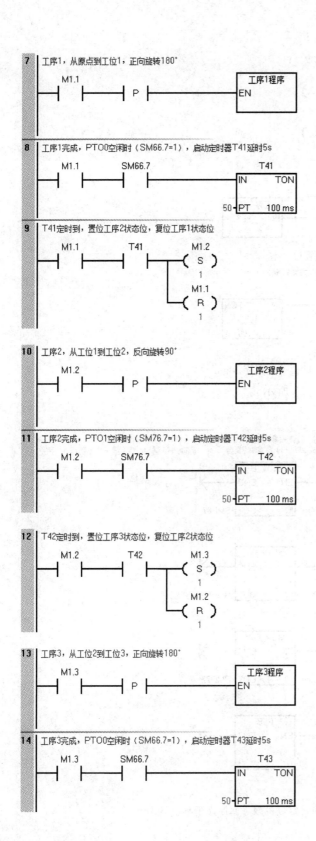

7 工序1，从原点到工位1，正向旋转180°

```
M1.1                                  工序1程序
─┤├──────┤P├───                      EN
```

8 工序1完成，PTO0空闲时（SM66.7=1），启动定时器T41延时5s

```
M1.1        SM66.7                        T41
─┤├─────────┤├───                    IN       TON
                                  50─PT      100 ms
```

9 T41定时到，置位工序2状态位，复位工序1状态位

```
M1.1        T41          M1.2
─┤├─────────┤├────────┬──( S )
                      │      1
                      │   M1.1
                      └──( R )
                             1
```

10 工序2，从工位1到工位2，反向旋转90°

```
M1.2                                  工序2程序
─┤├──────┤P├───                      EN
```

11 工序2完成，PTO1空闲时（SM76.7=1），启动定时器T42延时5s

```
M1.2        SM76.7                        T42
─┤├─────────┤├───                    IN       TON
                                  50─PT      100 ms
```

12 T42定时到，置位工序3状态位，复位工序2状态位

```
M1.2        T42          M1.3
─┤├─────────┤├────────┬──( S )
                      │      1
                      │   M1.2
                      └──( R )
                             1
```

13 工序3，从工位2到工位3，正向旋转180°

```
M1.3                                  工序3程序
─┤├──────┤P├───                      EN
```

14 工序3完成，PTO0空闲时（SM66.7=1），启动定时器T43延时5s

```
M1.3        SM66.7                        T43
─┤├─────────┤├───                    IN       TON
                                  50─PT      100 ms
```

193

15

T43定时到，置位工序4状态位，复位工序3状态位

```
  M1.3      T43           M1.4
───┤├──────┤├────────┬────( S )
                     │       1
                     │     M1.3
                     └────( R )
                             1
```

工序4，从工位3到工位4，反向旋转90°

```
  M1.4                      ┌──────────┐
───┤├──────┤ P ├───────     │  工序4程序  │
                            │EN        │
                            └──────────┘
```

17

工序4完成，PTO1空闲时（SM76.7=1），启动定时器T44延时5s

```
  M1.4     SM76.7               T44
───┤├──────┤├──────────────┤IN      TON│
                          50┤PT  100 ms │
```

图 6.12　回转定位机械手主程序 Main

（2）回原点子程序 SBR0 如图 6.13 所示。

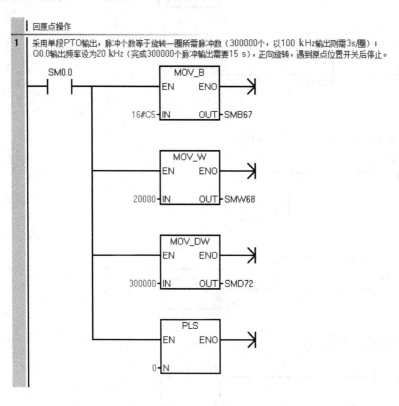

回原点操作

1　采用单段PTO输出，脉冲个数等于旋转一圈所需脉冲数（300000个，以100 kHz输出则需3s/圈）；
　Q0.0输出频率设为20 kHz（完成300000个脉冲输出需要15 s），正向旋转，遇到原点位置开关后停止。

```
  SM0.0        ┌──────────┐
───┤├────┬─────│  MOV_B   │───/
         │     │EN     ENO│
         │ 16#C5┤IN    OUT├SMB67
         │     └──────────┘
         │     ┌──────────┐
         ├─────│  MOV_W   │───/
         │     │EN     ENO│
         │20000┤IN    OUT├SMW68
         │     └──────────┘
         │     ┌──────────┐
         ├─────│ MOV_DW   │───/
         │     │EN     ENO│
         │300000┤IN   OUT├SMD72
         │     └──────────┘
         │     ┌──────────┐
         └─────│   PLS    │───/
               │EN     ENO│
              0┤N         │
               └──────────┘
```

图 6.13　回转定位机械手回原点子程序 SBR0

（3）初始化子程序 SBR1 如图 6.14 所示。

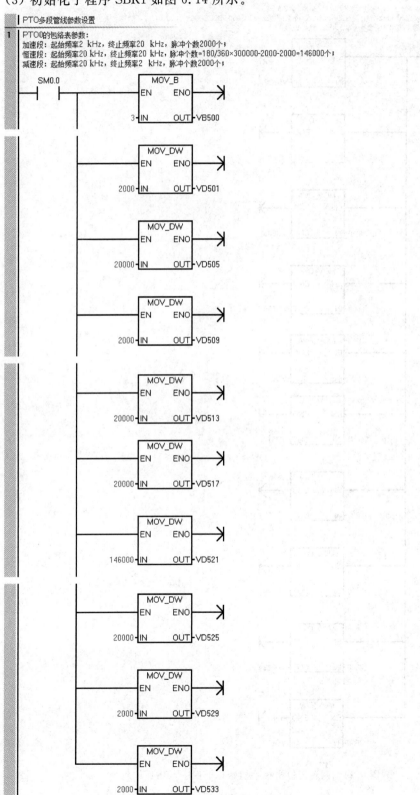

PTO多段管线参数设置

1　PTO0的包络表参数：
加速段：起始频率2 kHz，终止频率20 kHz，脉冲个数2000个；
恒速段：起始频率20 kHz，终止频率20 kHz，脉冲个数=180/360×300000-2000-2000=146000个；
减速段：起始频率20 kHz，终止频率2 kHz，脉冲个数2000个；

SM0.0　　　　　MOV_B
　┤├──────┤EN　ENO├──>
　　　　　　　3┤IN　OUT├VB500

　　　　　　　MOV_DW
　　　　　┤EN　ENO├──>
　　2000┤IN　OUT├VD501

　　　　　　　MOV_DW
　　　　　┤EN　ENO├──>
　20000┤IN　OUT├VD505

　　　　　　　MOV_DW
　　　　　┤EN　ENO├──>
　　2000┤IN　OUT├VD509

　　　　　　　MOV_DW
　　　　　┤EN　ENO├──>
　20000┤IN　OUT├VD513

　　　　　　　MOV_DW
　　　　　┤EN　ENO├──>
　20000┤IN　OUT├VD517

　　　　　　　MOV_DW
　　　　　┤EN　ENO├──>
146000┤IN　OUT├VD521

　　　　　　　MOV_DW
　　　　　┤EN　ENO├──>
　20000┤IN　OUT├VD525

　　　　　　　MOV_DW
　　　　　┤EN　ENO├──>
　　2000┤IN　OUT├VD529

　　　　　　　MOV_DW
　　　　　┤EN　ENO├──>
　　2000┤IN　OUT├VD533

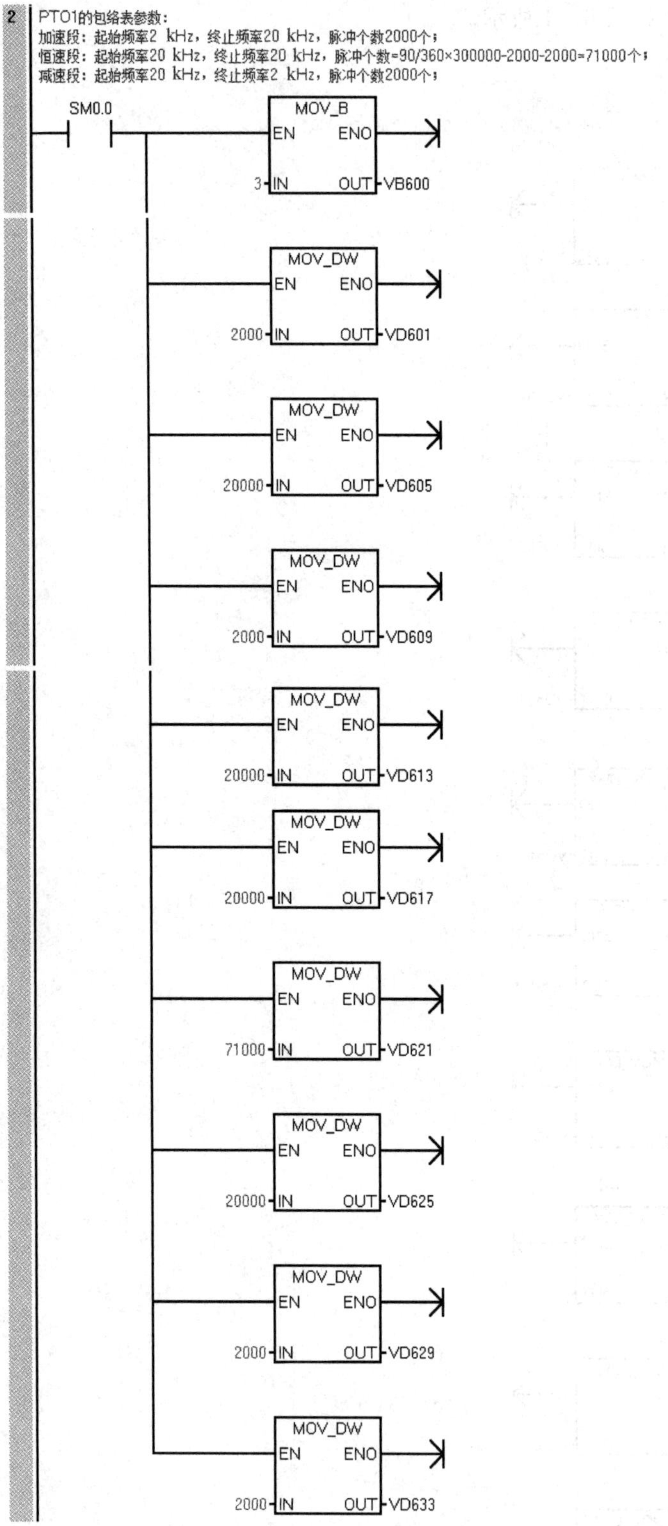

2 PTO1的包络表参数：
加速段：起始频率2 kHz，终止频率20 kHz，脉冲个数2000个；
恒速段：起始频率20 kHz，终止频率20 kHz，脉冲个数=90/360×300000-2000-2000=71000个；
减速段：起始频率20 kHz，终止频率2 kHz，脉冲个数2000个；

```
    SM0.0            MOV_B
     ┤ ├          ┌─────────┐
                  │EN    ENO│──▶
                  │         │
               3 ─┤IN    OUT│─VB600
                  └─────────┘

                   MOV_DW
                  ┌─────────┐
                  │EN    ENO│──▶
                  │         │
            2000 ─┤IN    OUT│─VD601
                  └─────────┘

                   MOV_DW
                  ┌─────────┐
                  │EN    ENO│──▶
                  │         │
           20000 ─┤IN    OUT│─VD605
                  └─────────┘

                   MOV_DW
                  ┌─────────┐
                  │EN    ENO│──▶
                  │         │
            2000 ─┤IN    OUT│─VD609
                  └─────────┘

                   MOV_DW
                  ┌─────────┐
                  │EN    ENO│──▶
                  │         │
           20000 ─┤IN    OUT│─VD613
                  └─────────┘

                   MOV_DW
                  ┌─────────┐
                  │EN    ENO│──▶
                  │         │
           20000 ─┤IN    OUT│─VD617
                  └─────────┘

                   MOV_DW
                  ┌─────────┐
                  │EN    ENO│──▶
                  │         │
           71000 ─┤IN    OUT│─VD621
                  └─────────┘

                   MOV_DW
                  ┌─────────┐
                  │EN    ENO│──▶
                  │         │
           20000 ─┤IN    OUT│─VD625
                  └─────────┘

                   MOV_DW
                  ┌─────────┐
                  │EN    ENO│──▶
                  │         │
            2000 ─┤IN    OUT│─VD629
                  └─────────┘

                   MOV_DW
                  ┌─────────┐
                  │EN    ENO│──▶
                  │         │
            2000 ─┤IN    OUT│─VD633
                  └─────────┘
```

图 6.14　回转定位机械手初始化子程序 SBR1

（4）工序 1 子程序 SBR2 如图 6.15 所示。

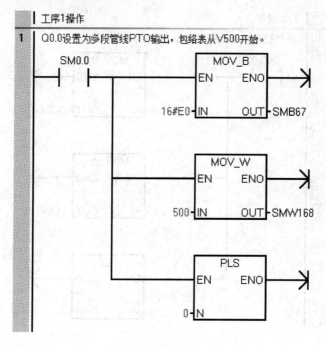

图 6.15　回转定位机械手工序 1 子程序 SBR2

（5）工序 2 子程序 SBR3 如图 6.16 所示。

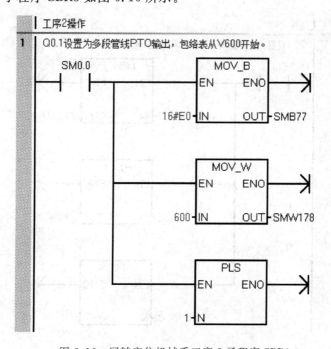

图 6.16　回转定位机械手工序 2 子程序 SBR3

（6）工序 3 子程序 SBR4 如图 6.17 所示。

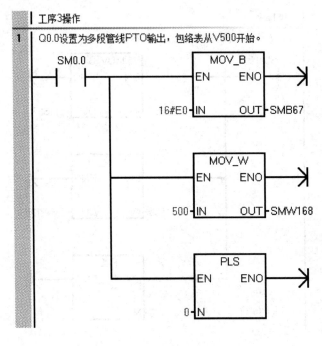

图 6.17　回转定位机械手工序 3 子程序 SBR4

（7）工序 4 子程序 SBR5 如图 6.18 所示。

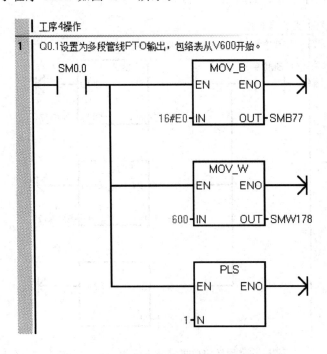

图 6.18　回转定位机械手工序 4 子程序 SBR5

（8）停止子程序 SBR6 如图 6.19 所示。

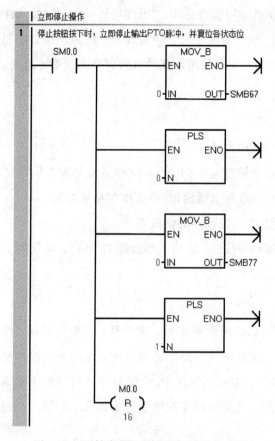

图 6.19　回转定位机械手停止子程序 SBR6

6.4.2　案例 2：双轴伺服拧紧机构

案例知识点

（1）伺服驱动器的电气连接方法；

（2）伺服位置控制的设计方法；

（3）伺服驱动器的参数设置方法；

（4）控制的运动轴组态及子例程的使用方法。

1. 任务要求

设计一台伺服驱动双轴螺栓拧紧机构，用于汽车发动机、减速机等设备固定螺栓的电动拧紧，同步完成两个螺栓的拧紧紧固操作。

功能要求：先通过人工移动柔性悬臂支架把拧紧机构定位到螺栓位置。"紧固按钮"被按下时，双轴伺服拧紧机构开始执行拧紧动作，将螺栓拧紧，当达到扭矩设定值时自动停止拧紧操作；"紧固按钮"被松开时，拧紧机构立即停止运行。"拆卸按钮"被按下时，双轴伺服拧紧机构开始反向，执行松开动作，将螺栓拆卸；"拆卸按钮"被松开时，机构立即停止运行。

根据技术要求，综合考虑生产工艺、经济成本、机械结构、控制方式、环保水平等方面，设计出安全可靠、性价比好、易用性高的机构伺服驱动系统方案，并给出系统的设计图纸和控制程序。

2. 技术要求

(1) 螺栓类型：通用多种类型。

(2) 精度要求：扭矩分辨率为 0.01 N·m，拧紧精度为 2%。

(3) 使用要求：同时拧紧两个螺栓，500 万次的精确拧紧，50000 h 的使用寿命。

(4) 控制系统：采用 PLC 控制器的伺服系统。

(5) 控制模式：手动启停按钮，机构工作过程由 PLC 自动控制。

3. 系统设计

1) 总体方案设计

本机构主要由伺服电机、伺服驱动器、减速器、扭矩传感器、拧紧套筒模组等部件组成，其中扭矩传感器用于螺栓扭转力矩的精确控制，通过更换拧紧套筒模块可以实现对于不同类型螺栓的拧紧操作。本案例采用 PLC 控制的 2 套伺服驱动系统作为控制及动力组件，来实现同时对 2 个螺栓的双轴同步控制及拧紧操作。伺服控制组件的具体设备型号如表 6.8 所示。

表 6.8　双轴伺服拧紧机构的设备型号

名　称	型号规格	说　明
PLC 主机	西门子 SMART ST30	晶体管输出 100 kHz
伺服电机	台达 ECMA-C20401GS	单相 AC 200 V, 3000 r/min, 100 W, 17 bit, 增量编码器
伺服驱动器	台达 B2-0121-B	单相 AC 220V, 100 W
减速器	台湾精锐(APEX) AD047	行星减速器，齿轮比范围高达 91:1

2) 电气控制设计

本案例选用与 ECMA-C20401GS 伺服电机匹配的台达 B2-021-B 伺服驱动器，它提供有位置模式、速度模式、转矩模式和混合模式等多种操作模式，其工作在位置模式时的标准接线方法如图 6.20 所示。

图 6.20 台达 B2 伺服驱动位置模式的电气连接方法

从图中可知，台达 B2 伺服驱动器的 CN1 端子中的 I/O 信号连接端子，包括脉冲信号的输入端子、外部开关输入输出端子和编码器脉冲输出端子等。

位置脉冲输入可以用差动(Line Driver，单相最高脉冲频率 500 kHz)或集极开路(单相最高脉冲频率 200 kHz)方式输入，高速位置脉冲只接受差动(+5 V，Line Drive)方式输入，单相最高脉冲频率 4 MHz。集极开路时位置脉冲信号输入可以采用内部电源，也可以外接电源。当位置脉冲使用集极开路方式输入时，必须将 35 号端子"PULL HI"连接至外加电源，作为提升准位用。

通常，控制器有 NPN 型和 PNP 型两种，当控制器为 NPN 型设备时，伺服驱动器的脉冲信号输入端电气连接方法如图 6.21 所示。

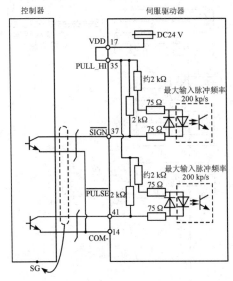

图 6.21　NPN 型设备集电极开路脉冲信号输入的电气连接方法

当控制器为 PNP 型设备时，伺服驱动器的脉冲信号输入端电气连接方法如图 6.22 所示。

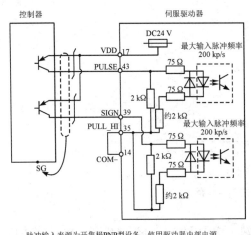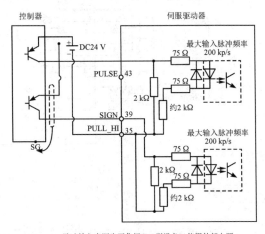

图 6.22　PNP 型设备集电极开路脉冲信号输入的电气连接方法

智能运动控制基础

当采用差动输入方式时，伺服驱动器的脉冲信号输入端电气连接方法如图6.23所示。

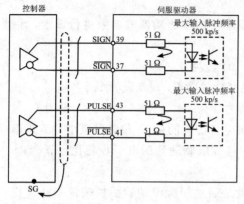
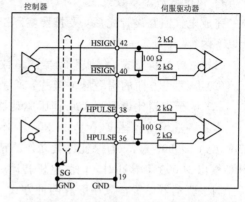

脉冲命令输入(差动输入)，此为5 V系统，请勿输入24 V电源　　高速脉冲命令输入(差动输入)，此为5 V系统，请勿输入24 V电源

图6.23　差动脉冲信号输入的电气连接方法

本案例采用的控制器西门子 SMART ST30 的输出端子是 PNP 类型的，因此控制器－伺服驱动器－伺服电机的系统电气连接如图6.24所示。

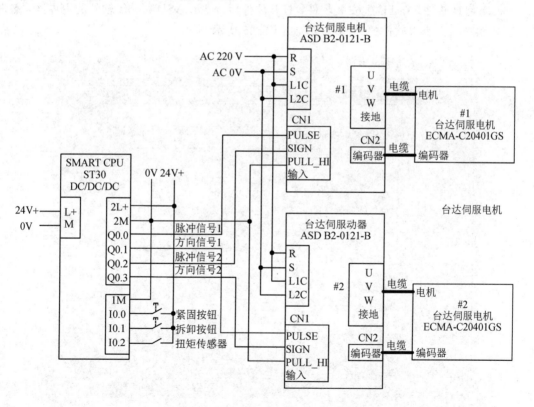

图6.24　双轴伺服拧紧机构电气控制原理图

两台伺服驱动器的"PULSE"引脚分别连接 SMART 的输出端子 Q0.0 和 Q0.1，接收 PLC 发出的指令脉冲信号；两台伺服驱动器的"SIGN"引脚分别连接 SMART 的输出端子 Q0.2 和 Q0.3，接收 PLC 发出的方向信号；两台伺服驱动器的"PULL_HI"引脚分别连接

DC 24 V 电源的 0 V，以组成伺服驱动器指令脉冲信号的闭合输入回路。

3）伺服驱动器参数设置

完成电气回路设计之后，要按照实际工艺要求对伺服驱动器的参数进行设定，主要包括以下内容：

（1）位置控制模式：伺服驱动器的参数 P1 - 01 设为 0。

（2）脉冲＋方向的指令脉冲模式：伺服驱动器的参数 P1 - 00 设为 2。

（3）电子齿轮比设置为 16：伺服驱动器的参数 P1 - 44 设为 16，P1 - 45 设为 1。

本案例选用的台达 ECMA - C20401GS 伺服电机配置的是 17 位高精度增量编码器，分辨率达到 160000 p/r，为保证拧紧动作的精度，将伺服驱动器的电子齿轮比设置为 16，则 PLC 发出 10000 个脉冲时，伺服电机转动一圈。

伺服驱动器设置参数一般有两种方式，一种是通过伺服驱动器面板按键手动设置，另一种是通过专用软件在线设置。本案例以欧姆龙公司的伺服驱动调试软件 ASDA-Soft 为例，介绍通过专用软件设置伺服驱动器参数的方法。

（1）通讯连接。通过专用电缆（RS232/RS485 接口）连接伺服驱动器与 PC（个人电脑），一端连接在伺服驱动器的 CN3 端子，一端连接 PC 的网口或 USB 口（需要转接头）。

（2）启动软件。在 PC 上安装软件，打开软件后，显示 ASDA-Soft 软件的主界面，点击"说明"菜单可以查看软件的具体版本，如图 6.25 所示。

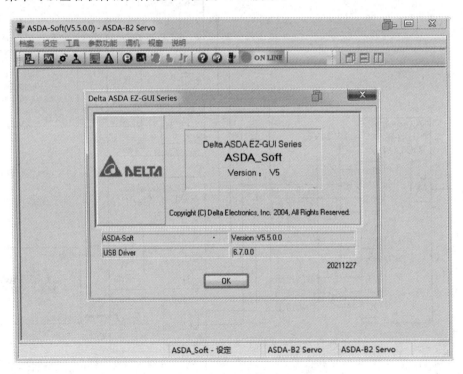

图 6.25　台达伺服调试软件——界面及版本说明

（3）检测伺服驱动器。首次连接伺服驱动器时，要在"设定"界面完成所连接伺服驱动器的型号选择与设定。可以手动从下拉列表汇总选择，也可以让软件进行自动检测。本案例中，利用自动检测功能，快速找到伺服驱动器 ASDA-B2 并自动连接，连接状态也从离线"Off-Line"自动转为在线"On-Line"，如图 6.26 所示。

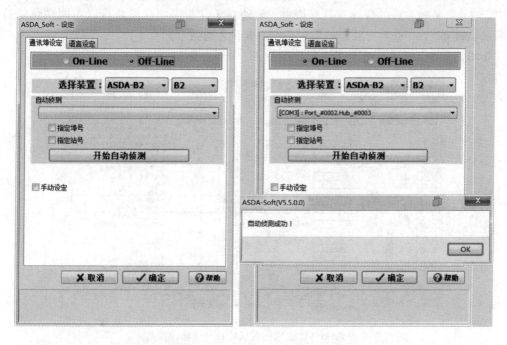

图 6.26　台达伺服调试软件——自动检测驱动器成功

（4）设置伺服驱动器参数。单击菜单栏的"参数功能"，然后在下拉菜单中点击"参数编辑器"打开参数编辑器界面，如图 6.27 所示。

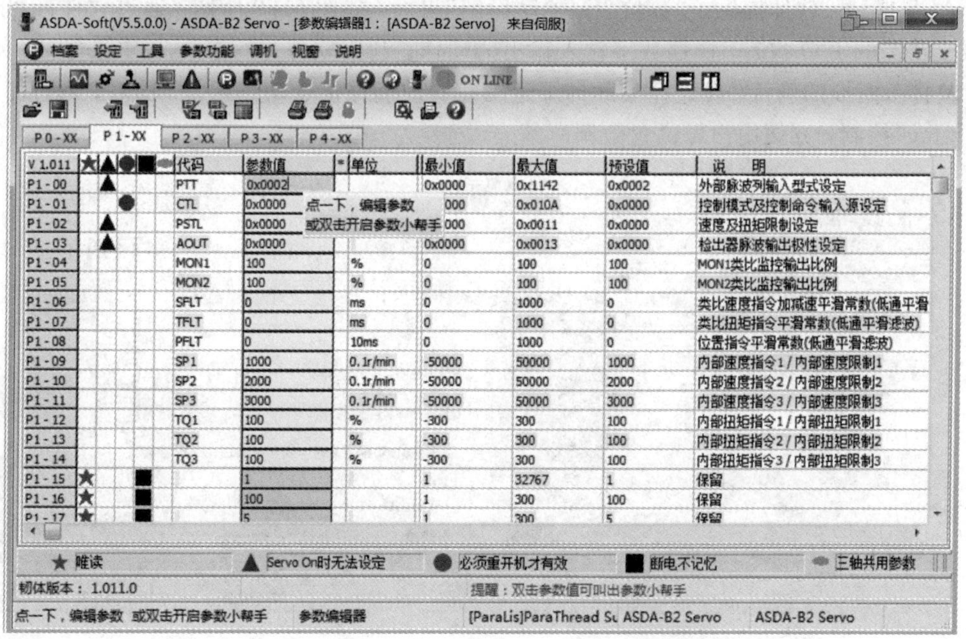

图 6.27　台达伺服调试软件——参数编辑器界面

从图中可知，伺服驱动器参数都具有预设值，可以在预设状态下工作。如果需要修改某个参数的预设值，在其"参数值"单元格中将预设值修改为新的数值，并下载到伺服驱动器中。注意，某些参数的修改有其局限性，软件对于这些限制在参数行以不同颜色的符号来表示，如"Servo On 时无法设定"、"必须重开机才有效"等。

如本案例中，需要修改电子齿轮比的分子、分母参数值，如图 6.28 所示。

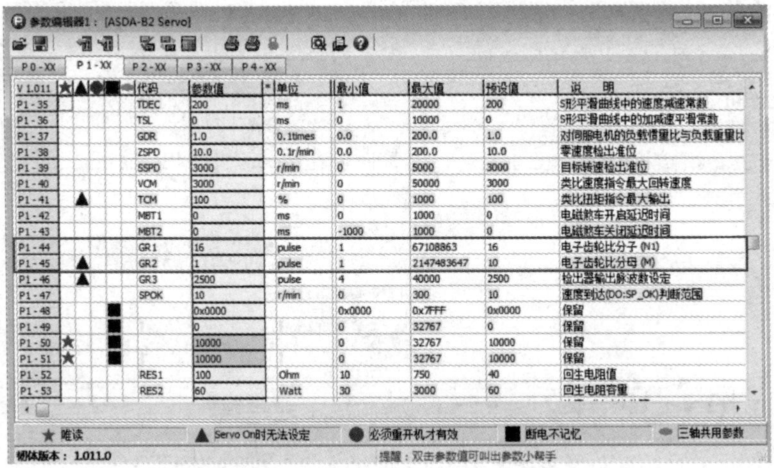

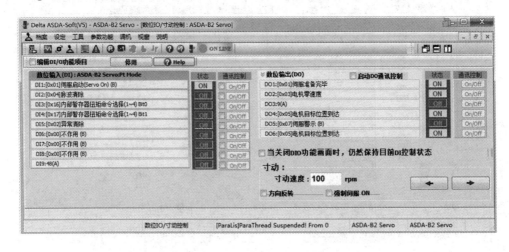

图 6.28　台达伺服调试软件——修改参数

本案例中，将"电子齿轮比分母"的预设值"10"修改为"1"，并通过单击图标栏上的"写入参数"图标将新参数值写入到伺服驱动器，才完成将电子齿轮比从"16/10"修改为"16"的操作，而且本操作需要将伺服驱动器从"Servo On"切换为"Servo Off"才能完成写入操作。

ADSA-Soft 软件提供了"数位 IO/寸动设定"界面，如图 6.29 所示。通过软件即可切换伺服驱动器的 I/O 状态，操控数字输入输出的动作，利用软件进行各种动作讯号的仿真监控，做状态模拟的确认，在进行实际伺服运动控制前确保接点动作正常。同时，通过简易的寸动(Jog)控制，方便用户做位置微调。

图 6.29　台达伺服调试软件——数位 IO/寸动控制界面

智能运动控制基础

如台达 B2 伺服驱动器的"伺服启动/停止"状态是通过"DI1"输入端子的接通/断开来切换的，通过数位 IO/寸动控制界面就可以方便地实现。如图 6.30 所示，点击 DI1 输入通讯控制下面"On/Off"前的选择框，弹出状态切换确认对话框，单击按钮"是"，即可改变 DI1 输入点的状态，将伺服状态设为"停止"状态。

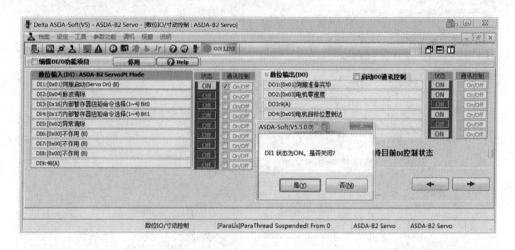

图 6.30　台达伺服调试软件——切换伺服启动/停止

DI1 状态改变后的结果从图 6.31 可以看出，原先的"ON"已经变为"OFF"。

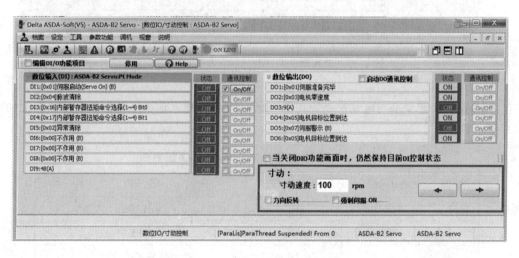

图 6.31　台达伺服调试软件——寸动控制

如图 6.31 所示，"寸动控制"功能可实现伺服电机的点动控制，在构建实际伺服运动控制系统之前，通过软件验证伺服驱动系统的良好性。该界面具有改变伺服电机的寸动速度、旋转方向的功能，亦可强制"伺服启动 Srevo On"。按下寸动方向键"←"或"→"，寸动就会马上执行，直到放开寸动键。

台达 ASDA-Soft 软件提供了"参数初始化精灵"，如图 6.32 所示。通过这个界面，能够快速完成台达伺服控制模式的操作设定。参数初始化精灵针对每个控制模式都提供了专门的设定接口，使用者不必再去背参数代码，或是翻手册查询参数说明。友善的图形化接口可以让用户根据对于控制模式的需求直接进行设定。

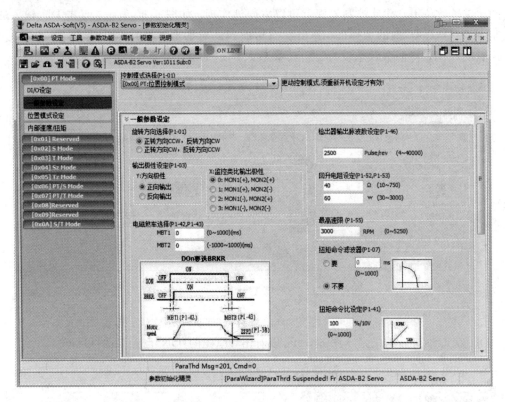

图 6.32　台达伺服调试软件——参数初始化界面

4）I/O 配置

根据案例工艺要求与电气控制原理图，配置 PLC 的输入输出点及控制程序状态位如表 6.9 所示。

表 6.9　双轴伺服拧紧机构的 I/O 配置表

序号	I/O 地址	I/O 类型	说　明
1	I0.0	DI	紧固按钮
2	I0.1	DI	拆卸按钮
3	I0.2	DI	扭矩传感器触点开关
4	Q0.0	DO	＃1 伺服的脉冲信号
5	Q0.1	DO	＃1 伺服的方向信号
6	Q0.2	DO	＃2 伺服的脉冲信号
7	Q0.3	DO	＃2 伺服的方向信号

5）程序设计

根据工艺要求可知，拧紧机构的移动、定位由悬挂支架来实现，双轴伺服驱动系统只需实现以同步运行速度同时紧固或拆卸两个螺栓的功能即可。紧固操作时，机构通过扭矩传感器实时检测扭矩大小，当达到扭矩设定值后，扭矩传感器的触点开关闭合，机构自动停止运动。

本案例的伺服驱动系统采用运动轴向导方式来设置，具体方法如下：

（1）运动轴向导配置。

根据工艺要求，双轴伺服是同步驱动的，因此轴 0 和轴 1 设置相同参数。主要的运动轴向导设置页面如图 6.33～图 6.39 所示。

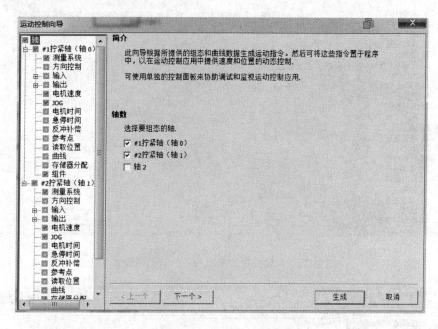

图 6.33　双轴伺服拧紧机构——运动轴设置 1

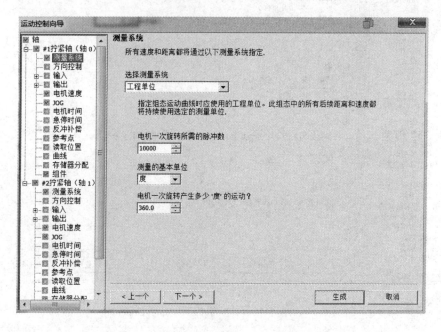

图 6.34　双轴伺服拧紧机构——运动轴设置 2

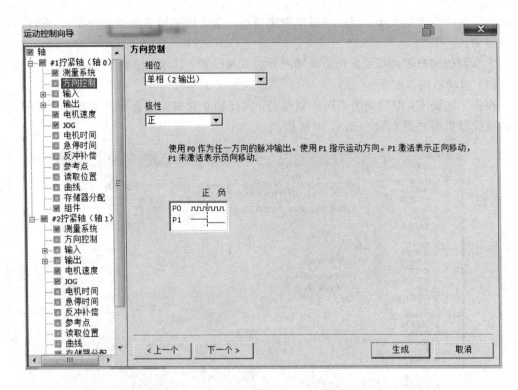

图 6.35　双轴伺服拧紧机构——运动轴设置 3

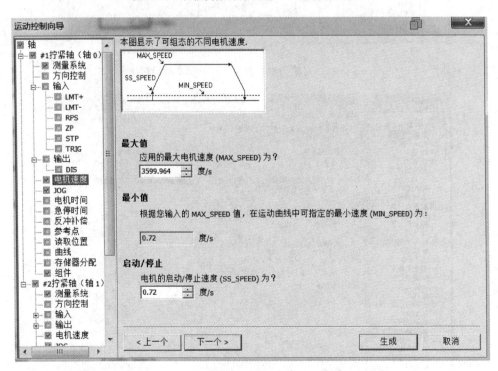

图 6.36　双轴伺服拧紧机构——运动轴设置 4

智能运动控制基础

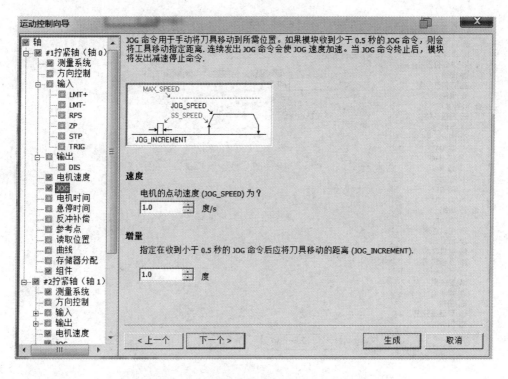

图 6.37　双轴伺服拧紧机构——运动轴设置 5

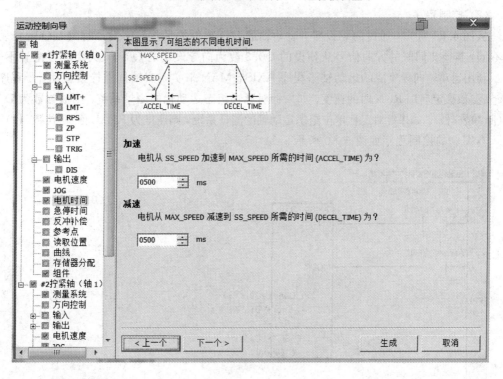

图 6.38　双轴伺服拧紧机构——运动轴设置 6

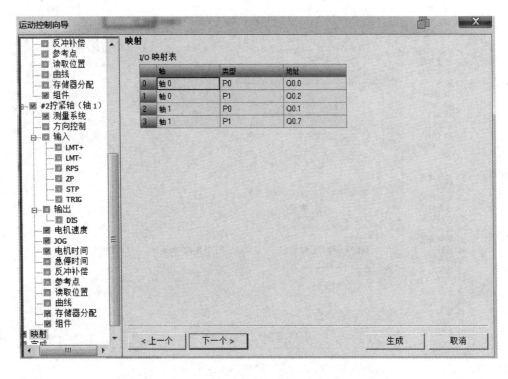

图 6.39 双轴伺服拧紧机构——运动轴设置 7

（2）控制程序。

从图 6.38 可知：通过向导设置，运动轴的 I/O 映射关系与整体设计时的 I/O 配置表略有不同，即 #2 伺服的方向信号从预设的 Q0.3 改为向导设定的 Q0.7，其余 I/O 配置不变。

利用运动轴向导生成的运动轴子程序 AXISx_MAN 来实现双轴伺服拧紧运动，子程序中 Speed 参数决定启用 RUN 时的速度。如果针对脉冲组态运动轴的测量系统，则该参数为 DINT 值（脉冲数/秒），如果针对工程单位组态运动轴的测量系统，则速度为 REAL 值（单位数/秒）。

本案例的控制程序如图 6.40 所示。

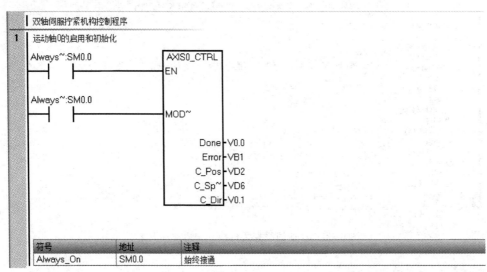

2　运动轴1的启用和初始化

```
Always~:SM0.0          AXIS1_CTRL
 ─┤├─              ─────EN
                        │
Always~:SM0.0           │
 ─┤├─              ─────MOD~
                        │
                   Done ├─V100.0
                  Error ├─VB101
                  C_Pos ├─VD102
                  C_Sp~ ├─VD106
                  C_Dir ├─V100.1
```

符号	地址	注释
Always_On	SM0.0	始终接通

3　运动轴0的运行控制，通过紧固按钮或拆卸按钮来控制运动轴的运行，
　　Speed参数设置为360°/s，Dlr参数由伺服驱动器的方向信号决定。

```
Always~:SM0.0          AXIS0_MAN
 ─┤├─              ─────EN
                        │
   M1.0                 │
 ─┤├─              ─────RUN
                        │
   M0.0                 │
 ─┤├─              ─────JOG_P
                        │
   M0.1                 │
 ─┤├─              ─────JOG_~
                        │
         360.0 ────Speed  Error ├─VB19
   伺服1的方~:Q0.2 ──Dir   C_Pos ├─VD20
                        C_Sp~ ├─VD24
                        C_Dir ├─V0.3
```

符号	地址	注释
Always_On	SM0.0	始终接通
伺服1的方向	Q0.2	

4　运动轴1的运行控制，通过紧固按钮或拆卸按钮来控制运动轴的运行，
　　Speed参数设置为360°/s，Dlr参数由伺服驱动器的方向信号决定。

```
Always~:SM0.0          AXIS1_MAN
 ─┤├─              ─────EN
                        │
   M1.0                 │
 ─┤├─              ─────RUN
                        │
   M0.2                 │
 ─┤├─              ─────JOG_P
                        │
   M0.3                 │
 ─┤├─              ─────JOG_~
                        │
         360.0 ────Speed  Error ├─VB119
   伺服2的方~:Q0.7 ──Dir   C_Pos ├─VD120
                        C_Sp~ ├─VD124
                        C_Dir ├─V100.3
```

符号	地址	注释
Always_On	SM0.0	始终接通
伺服2的方向	Q0.7	

第6章　伺服运动控制

213

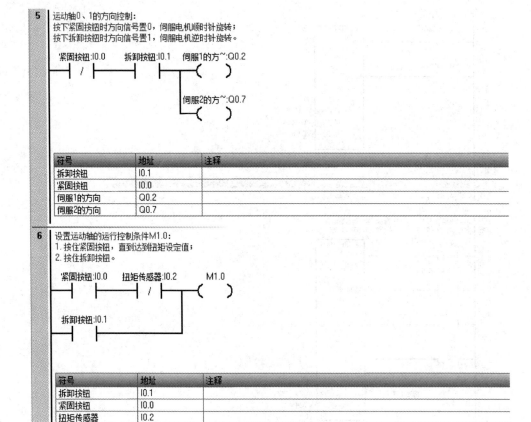

图 6.40 双轴伺服拧紧机构控制程序

6.5 本 章 习 题

1. 简述常见伺服电机的类型。

2. 简述伺服驱动器三闭环回路的功能，并绘制控制框图。

3. 简述伺服指令脉冲有哪几种样式，并说明它们的不同之处。

4. 试着给出台达 B2 系列伺服驱动器工作在速度控制模式下的时标准电气连接方法，并说明在速度控制模式下需要设置哪些参数。

5. 试着给出台达 B2 系列伺服驱动器工作在转矩控制模式下的标准电气连接方法，并说明在转矩控制模式下需要设置哪些参数。

6. 试着设计一套伺服驱动系统并编写程序，控制单轴伺服驱动系统带动滚珠丝杆机构做直线运动。要求：手动控制系统的启停，滚珠丝杠导程 10 mm，伺服电机编码器分辨率是 2000 p/r，按下启动按钮后，滚珠丝杠以高速(100 mm/s)直线运动 1500 mm，再以低速(50 mm/s)返回到起点，并停止运动。

7. 试着设计一套伺服驱动系统并编写程序，控制两套伺服驱动系统连续运动。要求：

手动控制系统的启停，伺服电机编码器分辨率是 160000 p/r，按下启动按钮后，1 号伺服电机立即逆时针旋转 1800°后停止，接着 2 号伺服电机顺时针旋转 3600°后停止。继续上述运动，直到按下停止按钮后，两台伺服电机减速停止运动。

8. 试着选型设计一套运动控制系统，包括一套步进驱动的滚珠丝杆机构和一套伺服驱动的减速旋转机构，给出系统的电气控制原理图。

9. 试着为习题 8 的控制系统编写控制程序，要求：手动控制系统的启停，按下启动按钮后，步进驱动系统带动工作台从起点运动到工位（距离 1000 mm），到达工位时，伺服驱动系统做 720°旋转运动，然后工作台返回到起点。整个流程自动循环操作，停止按钮按下后随时停止加工，并将工作台放回起点位置。

参 考 文 献

［1］ 王万强. 运动控制与伺服驱动技术及应用［M］. 西安：西安电子科技大学出版社，2020.

［2］ SINAMICS S7200 SMART 系统手册 V2.6，05/2021.

［3］ ASDA－B2 伺服驱动器使用手册 ASDA－B2_S_SC_20201012.

［4］ OMRON G 系列操作手册 SBCE－C－349B.

［5］ 王万强. 工业自动化 PLC 控制系统应用与实训［M］. 北京：机械工业出版社，2013.

智能运动控制基础